纤维束模型的雪崩断裂性质

郝大鹏　著

中国矿业大学出版社
·徐州·

内 容 简 介

本书系统地论述了纤维束模型的构建和研究方法,并对多种扩展纤维束模型进行解析近似和数值模拟研究,分析了各参数对模型宏观力学性质和断裂统计性质的影响。本书既可以作为高等院校物理学专业本科生及相关专业研究生的选修教材,也可作为从事非平衡统计物理和材料损伤断裂研究工作的科研人员的参考用书。

图书在版编目(C I P)数据

纤维束模型的雪崩断裂性质/郝大鹏著.—徐州:
中国矿业大学出版社,2023.1
ISBN 978 - 7 - 5646 - 3449 - 0

Ⅰ.①纤…　Ⅱ.①郝…　Ⅲ.①纤维束—研究　Ⅳ.
①TN25

中国版本图书馆 CIP 数据核字(2017)第 022461 号

书　　　名	纤维束模型的雪崩断裂性质
	Xianweishu Moxing de Xuebeng Duanlie Xingzhi
著　　　者	郝大鹏
责任编辑	张　岩
出版发行	中国矿业大学出版社有限责任公司
	(江苏省徐州市解放南路　邮编221008)
营销热线	(0516)83885370　83884103
出版服务	(0516)83995789　83884920
网　　　址	http://www.cumtp.com　E-mail:cumtpvip@cumtp.com
印　　　刷	徐州中矿大印发科技有限公司
开　　　本	787 mm×1092 mm　1/16　印张 12　字数 235 千字
版次印次	2023 年 1 月第 1 版　2023 年 1 月第 1 次印刷
定　　　价	48.00 元

(图书出现印装质量问题,本社负责调换)

前　言

　　对材料断裂过程的研究一直是科学理论和应用技术中的一个热点问题。缺陷和涨落的普遍存在,使得无序材料断裂过程无法用简单的动力学方程进行描述。从统计动力学的角度,断裂过程可以看成具有长程相互作用的不可逆动力学过程。统计动力学理论对材料断裂过程的研究主要基于格点模型的解析近似或数值模拟。在过去的二三十年,纤维束模型被广泛地应用在对材料断裂过程的模拟中。经典纤维束模型及各种扩展纤维束模型可以定量地描述各种无序材料在拉伸断裂过程中表现出的宏观力学性质和断裂统计性质,并能够和声发射实验等实验数据进行对比。因此,纤维束模型已成为从统计物理学角度研究无序材料断裂过程的常用格点模型。

　　本书是笔者由多年从事纤维束模型相关的材料损伤与断裂方面的研究结果整理而成的。全书分为14章,第1章为绪论,主要介绍材料断裂的统计性质、纤维束模型的构建和研究方法;第2章分析了强非均质纤维束模型的雪崩断裂过程;第3章分析了强无序连续损伤纤维束模型的雪崩断裂过程;第4章应用解析近似和数值模拟方法分析了可变杨氏模量的黏滑纤维束模型的雪崩断裂过程;第5章应用解析近似和数值模拟方法分析了多线性纤维束模型的雪崩断裂过程;第6章分析了最近邻应力再分配下纤维束模型雪崩断裂的渡越行为,构建了预测模型宏观断裂的理论方法;第7章分析了脆性-塑性混合纤维束模型的雪崩断裂过程;第8章和第9章,分别分析了含缺陷纤维束模型在平均应力再分配和最近邻应力再分配下的雪崩断裂过程;第10章分析了平均应力再分配和最近邻应力再分配下纤维束模型的有限尺寸效应;第11章应用解析近似和数值模拟方法分析了杨氏模量呈幂函数分布的纤维束模型的雪崩断裂过程;第 12 章和第 13 章,分别分析了含团簇状缺陷纤维束模型在平均应力再分配和最近邻应力再分配下的雪崩断裂过程;第 14 章对以上扩展纤维束模型的研究进行了总结,对应用纤维束模型分析材料断裂面标度性质的研究工作进行了展望。

本书在编写和出版过程中得到了中国矿业大学材料与物理学院领导和同事的关心、支持和帮助,特别是唐刚教授、夏辉教授和寻之朋副教授多年来给予了诸多指导和热忱帮助。感谢研究生曹振所做的部分数值模拟工作。同时感谢中国矿业大学中央高校基本科研业务费专项资金(批准号:2020ZDPYMS31)给予的资助。

由于笔者水平所限,书中难免存在一些缺点和错误,敬请各位读者和同行、专家批评指正。作者(郝大鹏)的联系方式为:dphao@cumt. edu. cn。

著　者
2021 年 3 月

目　　录

第1章 绪   论

对材料断裂过程的研究一直是科学理论和应用技术中的一个热点问题。半个多世纪前,Davinci 等[1]和 Galilei[2]就从数学的角度系统地分析了材料的断裂过程,指出了绳索的负载能力和绳长的关系:长度大的绳索先断裂,即材料的强度具有显著的尺寸效应。材料强度的尺寸效应是传统连续力学的简单分析所不能解释的。出现尺寸效应的原因是实际材料中由于缺陷和微裂纹所表现出的无序性。早在 20 世纪 20 年代,Griffith[3]就在文章中指出了缺陷和涨落在无序材料断裂过程中的重要作用,后来 Weibull[4]从统计的角度对缺陷和涨落的影响进行了更加规范的解释。现代物理学中的统计动力学理论在处理材料强度问题中已经得到了广泛的应用。因为缺陷和涨落的普遍存在,在统计理论中引入涨落的思想相比统计平均对材料断裂的研究更有意义。从统计动力学的角度,断裂过程可以看成具有长程相互作用的不可逆动力学过程。实验发现这一复杂的过程满足标度变换不变性,断裂所形成的粗糙表面具有标度性质[5-6]。包括声发射技术在内的实验还发现材料的微观断裂过程具有简单的统计规律,断裂过程可以从统计的角度看成相变过程和临界现象来进行研究[7-8]。

统计动力学理论对材料断裂过程的研究主要基于格点模型的解析近似或数值模拟[9]。弹性材料的随机断裂过程可以用具有随机断裂阈值的一系列弹簧、纤维或具有随机熔断阈值的一系列电阻丝来表示。在模型中考虑合适的周期性边界条件通过准静态地加载负载可以模拟实际材料在负载增加过程中的逐渐断裂过程。在过去的 20 年中,随机电阻丝模型[10-11]和纤维束模型[12]都被广泛地应用在对材料断裂过程的模拟中。同时格点模型还为研究断裂过程提供了理论思想和解决方法。应用统计的描述方法可以假设材料断裂过程中包含了材料内在的微裂纹和随机热噪声。微裂纹是由材料中固有的缺陷所造成的,与外界影响因素无关,而随机热噪声则表示了外界环境的变化。运用相变和临界现象研究中常用的平均场理论可以从理论上得到材料断裂的宏观性质。

1.1 材料断裂过程的统计性质

对断裂过程的实验研究是理论和模拟研究的基础,而和统计理论研究密切相关的是从实验角度研究无序和随机性对微观断裂过程的影响。从统计的角度研究断裂过程主要是研究断裂的强度分布、尺寸效应、断裂表面的粗糙化以及断裂雪崩过程的统计性质。对材料断裂的强度分布进行实验研究的主要困难在于样品间的统计涨落。另外,理论上样品尺寸比较大,样品的界面应该是理想的自由界面。但是实际样品表面可能存在着缺陷,表面缺陷成为引起断裂开始的主要原因,而材料内部的各种缺陷或无序结构则主要影响了断裂发展的过程。

对材料断裂的强度分布进行实验研究是判断理论结果优劣的重要依据,同时也为构建理论模型提供了参数设定依据。Born 等[13-14]在研究脆性陶瓷断裂过程中的强度极值统计时发现 Gumbel 分布在描述断裂的统计性质和强度的尺寸效应时较 Weibull 分布更符合实验得到的统计结果。而对具有内在强无序的物质,如纸张[15-16]、混凝土等[17-18]的强度分布的研究进一步表明,从理论上解释实验结果是相当困难的。在无序或塑性存在时,断裂区域的尺寸效应不再呈现简单的幂律关系。进一步研究引起断裂区域尺寸效应的宏观和微观机制,常考虑自由表面的影响[19-20]。这是因为当裂纹靠近自由表面时,断裂区域的扩散将受到自由表面的影响。应该注意到的是,当存在无序时,无序使得足够小的裂纹间丧失相关性,从而掩盖了这种缺陷的影响。总之,从统计的角度对实际材料断裂强度的研究仍不充分,还需要基于统计理论的断裂实验来建立标度理论和实际断裂之间的内在联系。

声发射技术是研究微观断裂动力学过程的常用实验方法,同时声发射的结果可以很好地与统计方法得到的理论结果进行比较。声发射技术从统计物理的角度对材料断裂过程的断裂噪声进行研究。在脆性材料断裂过程中,弹性能的释放、内摩擦或位错运动等原因会使材料在断裂过程中释放出相应的噪声信号。典型的声发射技术通过压电传感器将声学信号转换成电信号进行测量。在实际实验中由于声信号的衰减、测量系统的响应和表面反射引起的色散等因素的影响,检测到的信号一般难以进行定量的分析[21]。因而仅简单的定量关系如能量、振幅和静默时间比较容易进行分析。尽管如此,已有大量工作研究了声发射信号所反映的微观断裂机制和实际合成材料的损伤积累之间的关系[22-23]。

图 1-1 给出了 Salminen 等[24]对两种拉伸速度下纸张断裂过程进行检测得到的应力-应变关系和声发射数据的实验结果。和研究裂纹粗糙化相似的问题是声发射数据的统计性质如何由负载率、维数、材料以及断裂类型决定。因而分

析断裂过程中能量释放和静默时间的统计分布是研究声发射实验数据的常用方法。声发射和能量释放之间最简单的关系是假设在接近断裂时的衰减和声耦合不发生改变,全部的声学能量就反映了弹性能的损失。Salminen 等在实验基础上给出了临界状态前、临界状态后以及整个断裂过程中弹性能量释放的统计分布,如图 1-2 所示。

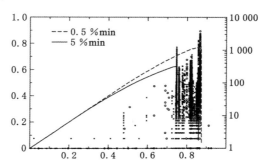

图 1-1　在两种拉伸速度下纸张的应力-应变关系和声发射数据[24]

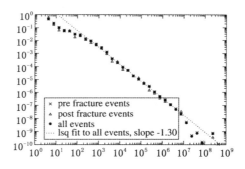

图 1-2　临界状态前、后及整体的弹性能量分布[24]

在包括拉伸、压缩、剪切以及蠕变等负载情况下对不同材料进行的声发射实验研究发现,释放能量 E 和静默时间 τ 均符合类似地震学中得到的幂律统计性质,即

$$P(E) \sim E^{-\rho} \tag{1-1}$$

$$P(\tau) \sim \tau^{-\xi} \tag{1-2}$$

对各种材料的实验表明,幂指数 ρ 处于 $1 \sim 1.5$ 之间,而 ξ 处于 $1 \sim 1.3$ 之间[25-26]。

对各种材料断裂过程进行声发射实验研究具有重要的应用价值。一方面，通过寻找实验样本在接近最终破损时的宏观力学行为和伴随的微观数据变化可以为实际预测材料宏观断裂提供研究依据。另一方面，对断裂过程中声发射数据统计规律的研究可以为统计动力学的理论研究提供实验检验。

1.2　材料断裂表面的标度性质

实际材料断裂所形成的裂纹或断裂面常常呈现出明显的粗糙化，这是由材料内部具有的无序性和非均匀性所造成的。对粗糙裂纹或断裂面的形貌进行研究是分析材料内部的微观无序性和非均匀性的重要方法。材料裂纹或断裂面的粗糙化性质可以应用在研究表面粗糙化生长过程中常用的动力学标度理论[27-29]。经典的裂纹可以看成由薄面材料断裂所形成的，此时裂纹为一条弯曲的曲线。裂纹的粗糙程度可以用垂直方向上的高度 $h(t)$ 来表示，其中 t 表示了裂纹的水平位置。一般情况下裂纹或断裂面的高度可以表示成以下几种形式：① 薄面材料的断裂，此时裂纹可以看成从已有裂口处随机行走的粒子所描绘的轨迹。② 三维物体表面的断裂，裂纹在 (x,y) 面内传播，因而 z 方向可以忽略。如果裂纹的传播方向在 y 方向，则粗糙裂纹可以表示为 $h(x,\overline{y})$，其中 $\overline{y}$ 是依赖时间的平均位置。③ 三维物体的断裂，此时断裂表面为二维的粗糙表面，用 $h(x,y)$ 来表示，其中 h 在 z 方向上。在实际的研究中，还可以取 $h(x,y)$ 在 (x,y) 和 (x,z) 面内的投影 $h_{\parallel}(x,\overline{y})$ 和 $h_{\perp}(x,\overline{y})$。

以三维物体表面的断裂裂纹为例，假设裂纹前沿的平均传播速度为 v，则 $\overline{y}=vt$。类比表面粗糙化生长动力学中的描述方法，定量描述表面粗糙化程度的物理量可以用整体表面宽度来表示：

$$W(L,t) =(\langle\langle(h(x,t)-vt)^2\rangle_x\rangle)^{1/2} \tag{1-3}$$

在粗糙生长动力学中 $h(x,t)$ 的变化可以用非线性的 Langevin 类型动力学方程来描述，一般情况下 $h(x,t)$ 还符合 Family-Vicsek(F-V)标度律[8,30-31]。整体表面宽度 $W(L,t)$ 具有以下的标度形式：

$$W(L,t) \sim L^{\chi}f(t/L^z) \tag{1-4}$$

其中，$f(x)$ 为标度函数，在初始时刻和长时间极限下具有如下的渐进行为

$$f(x) \sim \begin{cases} x^{\beta} & x \ll 1 \\ \text{constant} & x \gg 1 \end{cases} \tag{1-5}$$

因此，断裂面的表面宽度具有以下的渐进行为

$$W(L,t) \sim \begin{cases} t^{\beta} & t \ll L^z \\ L^{\chi} & t \gg L^z \end{cases} \tag{1-6}$$

断裂过程可以理解为在任意侧面基础上 $h(x,t=0)$ 的变化。最初空间关联没有建立之前的粗糙化过程由生长指数 β 决定;而当关联长度趋向于 L 时,系统达到饱和,此时 $W_s \sim L^{\chi}$,标度函数 $f(x)$ 趋于常数。由粗糙表面具有的自仿射性质可得标度指数间满足以下关系

$$\beta z = \chi \tag{1-7}$$

如果分别考虑垂向和平行向的剖面 $h_{\parallel}(x,\overline{y})$ 和 $h_{\perp}(x,\overline{y})$,在两个剖面上分别满足 F-V 标度关系,那么就有六个不同的标度指数 $\beta_{\parallel}, z_{\parallel}, \chi_{\parallel}$ 和 $\beta_{\perp}, z_{\perp}, \chi_{\perp}$,分别满足式(1-7)表示的标度关系。

式(1-7)所示的标度律是基于大量样本的统计结果,因而需要选取大量的统计样本来得到收敛的结果,但这在实际材料断裂中却难以实现。在材料断裂研究中还可以利用局域表面宽度、高度差关联函数或结构因子来代替整体表面宽度计算标度指数。由于局域表面宽度、高度差关联函数和结构因子统计的是局域表面的粗糙化性质,这和整体表面宽度性质不同,因而得到的标度指数记为局域标度指数,相应的通过整体表面宽度得到的标度指数称为整体标度指数。

在尺寸为 l 的窗口上定义局域表面宽度 $W(l,t)$,局域表面宽度满足以下的标度行为:

$$W(l,t) \sim \begin{cases} t^{\beta} & t \ll l^z \\ l^{\chi_{\text{loc}}} t^{\beta'} & l^z \ll t \ll L^z \\ l^{\chi} & l^z \ll L^z \ll t \end{cases} \tag{1-8}$$

式中,L 为基底的宽度,l 为远小于基底宽度的横向窗口尺度,χ_{loc} 为局域粗糙度指数。除局域表面宽度外,另一个常用来研究粗糙表面标度行为的物理量是表面高度差关联函数 $C(r,t)$,其定义为:

$$C(r,t) = \langle (h(x+r,t) - h(x,t))^2 \rangle \tag{1-9}$$

$C(r,t)$ 具有以下的标度性质:

$$C(r,t) \sim r^{2\chi_{\text{loc}}} f(t/r^z) \tag{1-10}$$

$C(r,t)$ 在裂纹形成初期及完全断裂时的渐进行为满足:

$$C(r,t) \sim \begin{cases} t^{2\beta} & t \ll r^z \\ r^{2\chi_{\text{loc}}} & t \gg r^z \end{cases} \tag{1-11}$$

另外,表面结构因子与高度差关联函数包含着同样的标度信息,同样可以用来研究断裂表面的标度性质。表面结构因子可以在 Fourier(傅立叶)空间用表面高度 $h(x,t)$ 定义为[5]:

$$S(k,t) = \langle h(k,t)h(-k,t) \rangle \tag{1-12}$$

其中

$$h(k,t) = \frac{1}{2\pi}\int h(x,t)\exp(-\mathrm{i}px)\mathrm{d}x \tag{1-13}$$

为表面高度 $h(x,t)$ 的 Fourier 变换。$S(k,t)$ 满足以下标度规律：

$$S(k,t) = k^{-d-2\chi_{loc}} g(t/k^z) \tag{1-14}$$

断裂表面的统计性质还可以用其高度分布的偏度和峰度来表示,断裂表面高度分布的偏度定义为 $S = \dfrac{W_3}{W_2^{3/2}}$,高度分布的峰度定义为 $Q = \dfrac{W_4}{W_2^2} - 3$,其中 $W_n = \langle [h(x) - \overline{h(x)}]^n \rangle$。

实际裂纹或断裂面的形貌常常并不满足简单的 F-V 标度律,而是具有奇异标度性或多重标度性等[30-33]。断裂面具有奇异标度性时,整体标度指数与局域标度指数不再相等。为了描述断裂面具有的多重标度性,粗糙断裂面用 $l \ll L$ 窗口上的局域形貌 $h(x)$ 来表示。一般情况下考虑表面高度 q 阶矩的标度性质：

$$w_q(l,t) \equiv \langle \delta h(x)^q \rangle^{1/q} \sim l^{\chi_q} \tag{1-15}$$

其中,$\delta h = h - \overline{h}$ 表示尺寸为 l 的测量窗口内 h 的标准偏差,尖括号表示对多系综统计的平均。在 F-V 标度律下,χ_q 与窗口尺寸 l 及阶数 q 均无关,如果断裂面具有多重标度性,则 χ_q 的大小与 q 有关。

大量实验结果表明,断裂形成的粗糙断裂面与粗糙化生长表面具有类似的形貌和标度性质[34-35]。实验结果和断裂面标度假设之间的关系可以从以下两个方面来理解。一是考虑标度关系受材料断裂细节如空间尺寸、材料特性和负载加载状态等的影响。由裂纹或断裂面满足自仿射的标度假设,从实验上确定 F-V 标度律中的各标度指数。最后由标度指数和标度函数确定裂纹表面所满足的含噪声的随机动力学方程。二是无论普适类的概念如何,都可以从理论上探寻引起实际粗糙裂纹形貌的机制并尝试解释这一自仿射的粗糙表面。不管能否确定描述裂纹粗糙化的随机动力学方程,都可以根据标度假设中的维度对不同的实验结果进行分类[36]。

1.3　材料断裂的统计动力学模型

应用计算机模拟研究材料断裂过程的前提是构建合适的统计动力学模型。构建统计动力学模型不但要考虑不同材料可能具有的脆性、塑性和黏弹性等宏观力学性质,还要考虑材料内部的各种缺陷、损伤和非均匀性等微观结构性质。应用统计动力学方法处理材料断裂过程的常见模型有随机电阻丝模型、中心力模型、弹簧和梁模型等。

最简单的包含相互作用的统计动力学模型是随机电阻丝模型[11,37]。在这一模型中要求电阻丝网络满足离散化的以下连续拉普拉斯方程：

$$\nabla^2 V = 0 \qquad (1\text{-}16)$$

在离散电阻丝模型中，节点 x_{ij} 处的电流和电压取决于连接电阻的电导率并遵守基尔霍夫定律和欧姆定律。一般假设模型中的电阻丝具有不可逆的熔断性质，当其中的电流达到熔断电流 i_c 时，电阻丝熔断，其中的电流变为 0。很明显，具有如此性质的电阻丝描述的是脆性材料的断裂过程。为描述实际材料断裂过程的渐进性，在电阻丝模型中需要相应引入描述实际缺陷的无序性。

脆性的随机电阻丝模型常考虑时间离散化的极限情况，也就是说电流的弛豫时间远小于外电势或电流的变化时间。另外，任何形式的局域电流超过熔断阈值的情况均忽略。这是极值动力学的例子，和很多类似的模型一样最终会产生雪崩。在经典脆性电阻丝模型的基础上一个有意义的扩展是考虑具有相当塑性的模型。相应的电阻丝在电流达到阈值时不再熔断，此时电流变为一个恒定值。这种脆性塑性混合的电阻丝模型还有待更深入地研究，应用这一模型可以从理论的角度研究断裂粗糙表面的标度性质[38]。

除以上电阻丝模型外，应用非平衡统计物理方法构建的纤维束模型也是一个理论上研究断裂过程的常用格点模型。纤维束模型是一个比较简单的理论模型，可以将断裂过程和统计物理中的相变联系在一起[39]。从 20 世纪 90 年代开始，用纤维束模型对材料断裂的理论研究引起了广泛的关注，这主要是因为表面上比较简单的纤维束模型却能够描述包含异常丰富性质的断裂过程。同时纤维束模型比较容易通过解析近似的方法进行处理，而通过数值方法进行模拟也相应比较简单，容易在大尺寸系统上获得良好的统计结果。由于纤维束模型包含了丰富的断裂信息，用这一模型可以很好地解释实验结果，尤其是可以定量地解释由声发射技术得到的统计结果[26,40-41]。因此纤维束模型在理论研究材料拉伸断裂过程中得到了广泛的应用，现在已经成为理论上研究材料断裂过程的重要理论模型[42-43]。

在随机电阻丝模型的基础上，更加符合实际弹性材料性质的简单模型是随机弹簧模型。随机弹簧模型是一种有心立场模型，中心节点被弹簧连接，该模型可以由以下的哈密顿函数来定义[44-46]

$$H = \sum_{ij} \frac{K}{2} (\vec{u_i} - \vec{u_j})^2 \qquad (1\text{-}17)$$

其中 $\vec{u_i}$、$\vec{u_j}$ 是第 i、j 个节点的位移，K 是弹簧的弹性系数。当式(1-17)取最小值时，系统达到弹性平衡。系统的无序性主要由随机稀释、随机阈值或者随机弹性模量来引入。虽然该模型是在考虑了软性节点的基础上构建的，但还是经常被用来研究断裂问题。离散的三角形中心力场格点模型可以模拟二维情况下

Poisson 系数为 1/3 或三维 Poisson 系数为 1/4 的各向同性的弹性介质。

一个和随机弹簧模型类似而稍微复杂的有心力场模型是 Born 模型,该模型由以下哈密顿函数定义

$$H = \frac{1}{2} \sum_{(i,j)} \left[\alpha (\overrightarrow{u_i} - \overrightarrow{u_j})^2_\parallel + \beta (\overrightarrow{u_i} - \overrightarrow{u_j})^2_\perp \right] \tag{1-18}$$

其中 (i,j) 表示第 i 个节点的最近邻格点,求和表示对系统所有格点的求和。矢量 $(\overrightarrow{u_i} - \overrightarrow{u_j})_\parallel$ 和 $(\overrightarrow{u_i} - \overrightarrow{u_j})_\perp$ 分别表示在平行和垂直于连线 (i,j) 方向上第 j 个节点的相对位移。在 $\alpha = \beta$ 的极限下,模型趋于各向同性的随机弹簧模型。

最常用的格点模型还有梁-格点模型和键扭曲模型,在这两个模型中,系统是由没有质量的梁将最近邻的节点连接而成的[47]。在梁-格点模型中,假设每一个梁可以承担纵向的拉伸作用力 F、剪切力 S 和弯曲力矩 M,在一维情况下,可以通过定义有效参量 $a = l/EA, b = l/GA, c = l^3/EI$ 来描述[48]。应用经典的梁理论,应用 a, b, c 三个参量可以建立梁的位移和受力之间的联系。但是二维梁-格点模型在平面外的扭曲形变问题尚没有理想的处理结果。在已有的文献中,梁-格点模型常用来描述随机纤维网状物质的断裂问题,如各种混合物和纸张等。相对于连续体的概念,梁-格点模型相当于连续体的离散化模型。

另一方面,键扭曲模型可以看成是广义的中心力场模型,其哈密顿函数可以定义为

$$H = \sum_{ij} \frac{K}{2} (\overrightarrow{u_i} - \overrightarrow{u_j})^2 + \sum_{ijk} \frac{B}{2} (\Delta\theta_{jk})^2 \tag{1-19}$$

其中 K 和 B 表示外延和旋转刚性[45,49-50]。式中第一项表示邻近格点 i 和 j 之间的伸展能量,第二项是对应从 i 到 j 或从 j 到 k 两个相邻的键之间角度的变化。这就产生了角度刚性的效果从而可以承受键的局域旋转。键扭曲模型相应的作用是每一个格点单元所承受的拉伸应力 F 和剪切应力 S,以及在格点系统每一个键上的扭矩或转矩 M。

键扭曲模型和梁-格点模型的断裂条件取决于梁-格点模型中局域扭矩、纵向拉伸和剪切应力的组合或键扭曲模型中心和角应力。在梁-格点模型中,典型的断裂判据如下

$$\left[\frac{F}{t_F} \right]^2 + \frac{\max(|M_i|, |M_j|)}{t_M} \geqslant 1 \tag{1-20}$$

其中 t_F 和 t_M 分别是应力和应变的阈值,对每一个键应力阈值和应变阈值均是独立的。和电阻丝模型相似,模型假设准静态的拉伸条件,每次只有一个键发生断裂。另外,可以通过控制 t_F 和 t_M 的大小或调整梁的弹性(梁的拉伸或弯曲刚性)模拟两种断裂状态。需要注意的是,公式类似于米赛斯屈服准则。目前模

型主要用来研究脆性断裂过程,尚没有对塑性和弹塑性断裂过程的研究工作。

1.4　经典纤维束模型

纤维束模型的雏形最早由 Pierce[51] 提出,后来 Daniels[52] 在此基础上对纤维束模型的研究做了基本的阐述。纤维束模型由一系列相互关联且平行排列的弹性纤维组成,每根纤维在应力达到最大阈值之前可以看成是线弹性的。达到阈值后,纤维发生不可逆的脆性断裂,断裂的纤维不再承担应力。纤维的断裂阈值假定符合一定的统计规律,一般假设为均匀分布或 Weibull 分布。

纤维束模型的拉伸方式即负载加载方式可以分成两种形式:应变控制型和应力控制型。在应变控制型模型中,每一步整个纤维束被拉伸至最弱的一根纤维断裂。当纤维的根数 N 非常大时,每一步所加的应变无限小,因此这一过程可以看成准静态过程。在纤维断裂过程中,没有应力再分配机制,断裂过程平稳而没有雪崩现象发生。而对应力控制型负载加载方式,负载准静态加载使得最弱的未断纤维出现断裂。断裂纤维释放的应力根据不同的相互作用性质在尚未断裂的纤维中进行再分配。尚未断裂的纤维在应力再分配后将承担更大的应力,如果承担的应力大于纤维的断裂阈值,则发生断裂进而形成雪崩过程。如果再分配后每根纤维承担的应力均小于其断裂阈值,则系统暂时达到稳态,要使系统打破这一稳态继续断裂需要继续准静态地增加负载,直至引起整个系统的宏观断裂。因而在应力控制型负载加载中,系统的应力-应变曲线在最大应力处出现中断,因为最后一次雪崩使得所有未断纤维全部断裂[53]。

对经典纤维束模型的详细定义如下:假设纤维的应变为 x,每根纤维在达到断裂阈值前总是线弹性的,并具有相同的弹性模量 $E=1$。每根纤维的阈值即为该纤维所能承担的最大应力,假设每根纤维的断裂阈值 x 满足概率分布函数 $p(x)$,其对应的累积分布函数为

$$P(x) = \int_0^x p(y)\mathrm{d}y \tag{1-21}$$

常用的阈值分布函数为均匀分布:

$$P(x) = \begin{cases} x/x_r & 0 \leqslant x \leqslant x_r \\ 1 & x > x_r \end{cases} \tag{1-22}$$

和 Weibull 分布:

$$P(x) = 1 - \exp[-(x/\lambda)^\rho] \tag{1-23}$$

其中 λ 为阈值的期望值,ρ 为 Weibull 分布指数。

在应变控制型加载时,当应变为 x 时,纤维束承担的总负载为[42,54]

$$F(x) = Nx[1 - P(x)] \qquad (1\text{-}24)$$

$F(x)$ 的最大值 F_c 对应临界应变 x_c，此时 $dF/dx = 0$，可得 x_c 满足

$$1 - P(x_c) - x_c P(x_c) = 0 \qquad (1\text{-}25)$$

在应力控制型加载时，当加载的负载为 F 时，此时对应的应变或有效应力 x 为

$$x(F) = \frac{F}{N[1 - P(x)]} \qquad (1\text{-}26)$$

在平衡态下，应变加载型的模型和应力加载型的模型是等价的。此时对于给定负载的断裂动力学过程可以构建递归动力学方程，该方程固定点的解就揭示了系统在平衡态下的平均行为[55]。

在应力控制型负载加载过程中，纤维断裂后应力再分配方式可以分为平均应力再分配和最近邻应力再分配两种极限形式。平均应力再分配方式是最简单也是研究中最常用的形式。在平均应力再分配下，断裂纤维所释放的应力平均分配到其余未断裂的纤维上。在这一模型中，纤维的断裂仅取决于纤维的断裂阈值和纤维束的拉伸状态，与纤维所处的位置无关。因此这一模型可以应用平均场理论来处理，一般情况下具有严格的解析解。最近有文献通过解析方法得到了该模型典型的弛豫动力学和确定的临界行为[56-58]。需要指出的是该模型仅仅存在着时间涨落而没有空间的涨落，可以用平均场理论和临界动力学理论来处理。在平均应力再分配情况下，纤维束模型整体具有非线性的应力-应变行为[58-59]。应力再分配的另一极端形式是最近邻应力再分配，断裂纤维释放的负载仅分配给最近邻的两根未断裂纤维上。最近邻应力再分配使得在断裂纤维周围出现应力聚集，这种应力聚集能够引起材料内部损伤的集中化，称之为应力集中效应。由于最近邻应力再分配使得系统出现了非平庸的短程空间关联性，对最近邻应力再分配的纤维束模型难以采用解析方法进行处理，大多需要依赖于计算机模拟[60,61]。

在微观尺度上，系统断裂的时间和空间演化的统计规律显著依赖于应力再分配方式。为了和声发射实验的数据进行比较，解析和模拟中常考虑模型的雪崩尺寸分布。在准静态的应力加载型负载加载方式下，每次负载加载后所能引起的纤维断裂的总根数定义为雪崩尺寸。在平均应力再分配下，解析和模拟结果均显示，断裂过程中的雪崩尺寸分布呈现普适的幂律关系

$$D(\Delta) \sim \Delta^{-\xi} \qquad (1\text{-}27)$$

其中，Δ 为雪崩尺寸。幂指数 $\xi = 5/2$ 与阈值分布无关[62]。在更加复杂且具有长程关联的系统中，如电阻丝模型中同样存在着类似的幂律关系[63]。而在最近邻应力再分配情况下，雪崩尺寸分布则具有更加复杂的情况，此时雪崩尺寸分布在整体上常常不满足幂律关系，并且强烈依赖于具体的断裂阈值分布[12]。

纤维束模型对理论上研究材料断裂具有重要的意义,通过这一模型澄清了无序物质的断裂和临界现象特别是自组织临界的关系[64]。平均应力再分配的纤维束模型在准静态的外负载加载过程中,纤维束的微观断裂统计性质特别是雪崩尺寸分布具有连续相变所表现出来的标度性质[62]。同时宏观上,平均应力再分配下纤维束模型的宏观性质如有效弹性模量,在断裂过程中经历了有限的变化,这和一级相变相似[65-66]。

纤维束模型的重要应用是对纤维增强复合材料的研究,纤维增强复合材料一般是由两种或更多的物质通过一定的组合排列规则黏合在一起的复合材料。纤维复合材料在现代汽车业和航空工业领域已经得到了广泛的应用,这主要是因为纤维复合材料具有高强度的同时有着较轻的质量。通过改良制造工艺和改变复合材料中的不同材质,纤维复合材料的力学性能等指标是可控的。同时还可以根据具体的需要灵活地设计出合适的复合加强材料,例如在航空工业中广泛应用的碳纤维加强的碳化硅材料[67]。另外,在自然界中也存在着大量类似的纤维加强材料,例如木材、竹材等[68]。从理论上研究这一问题面临着巨大的挑战:一是如何从混合材料成分的微观参数通过理论模型得到宏观的断裂性质;二是从理论上找到各种纤维加强材料不依赖于具体微观参数的普适类。这将有助于从具体的测量数据中找到不同材料宏观断裂过程的规律性,从而为最终能够预测和监控复合材料的宏观灾难性崩溃提供理论依据。

1.5 扩展纤维束模型

在经典纤维束模型的基础上,为更好地描述各种材料的断裂过程以及为设计更高性能的复合材料提供理论依据,需要对经典纤维束模型中纤维的断裂性质、纤维间的应力关联性质等做进一步修改,从而构建各种扩展纤维束模型[69]。对纤维束模型的各种扩展研究主要集中在以下几个方面:

(1)局域应力再分配下的纤维束模型

经典纤维束模型中的平均应力再分配和最近邻应力再分配仅仅是实际材料断裂中应力再分配的两种理想的极限形式。为更好地描述实际材料的断裂过程,Hidalgo等[70]提出了在两者之间的一种更一般的形式,即可变局域应力再分配方式。可变局域应力再分配方式下纤维束模型表现出更加丰富的断裂性质[71-73]。

在弹性材料中,裂纹附近的应力再分配近似遵循以下幂律规律

$$\sigma_{add} \sim r^{-\gamma} \tag{1-28}$$

其中 σ_{add} 为距离裂纹前沿为 r 处的应力增加量。由式(1-28)的思想,在纤维束

模型中也采用类似的应力再分配方式。在断裂纤维 j 附近的未断裂纤维 i 分配到的断裂释放负载与两者间距 r_{ij} 间满足类似于式(1-28)的幂律关系。因而在离散的纤维束模型中应力分配函数可以表示为

$$F(r_{ij},\gamma) = Zr_{ij}^{-\gamma} \tag{1-29}$$

其中 γ 为可变参量，r_{ij} 为未断纤维 i 到断裂纤维 j 的距离。在 $\gamma \to 0$ 和 $\gamma \to \infty$ 时分别对应了平均应力再分配和最近邻应力再分配两种极限形式。应用计算机模拟方法 Hidalgo 等研究了纤维束拉伸过程中临界应力及微观断裂分布随着应力再分配指数的变化。发现应力再分配指数取 2.0 附近时，模型的断裂行为出现了由长程相互作用极限到短程相互作用极限的渡越行为。

Sinha 等[74]构建了高维的局域应力再分配方式的纤维束模型，分析发现，在 1 维情况下，模型能够回到最近邻应力再分配的纤维束模型；而在高维情况下，该模型则近似于平均应力再分配的纤维束模型。通过分析说明了应力再分配方式在不同阶段有所不同：在拉伸的初始阶段对模型断裂过程的影响较小，因为此时纤维的断裂主要是由断裂阈值较小造成的，断裂纤维的应力再分配影响较小。而随着拉伸断裂过程的进行，应力再分配的影响越来越明显，后期纤维的断裂更多地受到前期断裂纤维所释放应力的影响。

Biswas 等[75]引入了一种新的局域应力再分配模型，在该模型中假设断裂纤维释放的应力由所有至少具有一个最近邻已断裂纤维的未断纤维进行平均分配。在统计性质上，通过标度理论预言了雪崩尺寸分布符合幂率分布，而且估算了幂率指数为 $-3/2$，这和数值模拟结果相吻合。

Biswas 和 Sen[76]考虑到应力再分配方式对纤维束整体拉伸强度具有的影响，对各种纤维束模型的拉伸方式和断裂过程中应力再分配方式进行了总结，分析了纤维束拉伸断裂临界应力的影响因素。然后构建了如下形式的阈值依赖的应力再分配方式

$$(f_i - \sigma_i)^b \tag{1-30}$$

其中，f_i 为第 i 根纤维的断裂阈值，σ_i 为第 i 根纤维承担的负载。当 $b=0$ 时，该模型对应平均应力再分配的经典纤维束模型。研究发现，对于突变的负载加载方式来说，当 $b=1$ 时，模型具有最大的负载为 $\sqrt{2}-1$。而对于准静态负载加载方式来说，在 b 取值趋于无穷时，模型具有最大负载能力，此时临界应力为 $3/8$。但是这一结果仅对假设的负载加载方式的函数形式有效，并不能证明假设的函数形式就是能够使负载最大化的最佳函数形式。在 $b>1$ 时，不管处于哪一种拉伸方式下，模型均表现出不同于平均应力再分配方式下的普适类特征。

Biswas 和 Goehring[77]应用局域应力再分配的纤维束模型研究了材料发生 I 型断裂时裂纹前言的传播问题。实际材料中裂纹前沿的传播主要取决于材料

的拉伸率和内部的无序性分布。准静态拉伸下的纤维束模型中断裂前沿的传播问题不单能够模拟材料裂纹的传播问题,还能够模拟物理学中磁体中的磁筹动力学问题、电荷密度波、润湿现象中的分界线等。文中研究了系统的相互作用范围,也就是模型中的应力再分配距离对裂纹前沿传播动力学的影响。随着应力再分配距离的增加,系统出现了由局域到全局的连续性相变。

Roy[78] 应用应力再分配距离为 R 的局域应力再分配纤维束模型研究了无序系统中局域应力再分配距离、系统尺寸和无序程度对无序系统断裂强度和可预测性的影响。在局域应力集中效应显著时,系统的拉伸强度随着尺寸的增大而降低,而当系统无序程度发生变化时,系统拉伸强度也会有显著的变化。在中等无序程度下,系统的临界应力和系统尺寸之间具有如下函数关系

$$\sigma_c \sim 1/\log L \tag{1-31}$$

而在系统的无序程度较低时,这一关系则变为 $\sigma_c \sim 1/L$。随着 L 的增大和 R 的增大,模型能够接近热力学极限和平均场理论极限。

(2) 各种断裂阈值分布的纤维束模型

Pradhan 等[55,58] 研究了经典纤维束模型在平均应力再分配下断裂过程中的动力学临界现象,给出了纤维束模型在实际应力接近临界应力时的相变动力学行为。同时提出了一种新的扩展纤维束模型,即假设纤维束的断裂阈值分布具有最低截断值,称之为具有最低截断阈值的纤维束模型。后来,Pradhan 等[66,79] 对具有最低截断阈值的纤维束模型的断裂雪崩过程进行了详细研究。在断裂阈值均匀分布时假设断裂阈值具有 σ_L 的最低截断值,即断裂阈值只能均匀分布在 σ_L 和 1 之间。在平均应力再分配下通过解析计算可以得到模型发生宏观断裂时对应的临界应力为

$$\sigma_c = \frac{1}{4(1 - \sigma_L)} \tag{1-32}$$

式中 $\sigma_L < 1/2$ 时临界应力才有意义。同时通过模拟得到了在平均应力再分配下具有不同最低截断值时模型断裂过程的雪崩尺寸分布。在 σ_L 小于 0.2 时,模型的雪崩尺寸分布趋近于经典纤维束模型在平均应力再分配下的结果,此时幂指数为 $-5/2$,与经典纤维束模型一样具有普适性。当 σ_L 增大到 0.5 时,雪崩尺寸分布呈现幂指数为 $-3/2$ 的幂律分布。而在最近邻应力再分配下,模拟得到的雪崩尺寸分布不再具有幂律关系,这和经典纤维束模型的结论是相似的。

在以上研究的基础上,Pradhan 等[42,56,80-81] 又对具有最低截断的纤维束模型的雪崩过程做了进一步研究,给出了纤维束系统接近宏观断裂时雪崩尺寸分布所表现出来的渡越行为,为预测实际材料的宏观最终断裂提供了理论依据。靠近宏观断裂时,雪崩尺寸分布的渡越行为在二维电阻丝模型的模拟中也得到

了验证,在电阻丝模型中同样可以得到类似的渡越行为[56]。研究断裂过程中靠近宏观断裂点时雪崩尺寸统计的渡越行为对于从理论上研究如何预测材料或结构的灾难性崩溃具有重要的意义[82]。Kawamura[83]对地震波的观测结果证实了这一渡越行为在实际断裂过程中的存在。

Roy 等[84]提出了高无序的纤维束模型,假设纤维的断裂阈值具有高无序的随机分布,即断裂阈值具有幂指数形式的分布函数为

$$p(b) \sim b^{-1} \tag{1-33}$$

断裂阈值的分布范围为 $10^{-\beta}$ 到 10^{β} 之间,因此 β 成为该模型的主要参数。应用数值模拟和解析近似方法分析了模型拉伸断裂的临界性质。分析发现纤维根数为 N 的系统,临界应力具有以下形式

$$\sigma_c(\beta, N) = \sigma_c(\beta) + AN^{-1/\nu(\beta)} \tag{1-34}$$

其中 $\sigma_c(\beta)$ 为系统趋于无穷大时临界应力的极限值。在 $\beta \geqslant \beta_u = 1/(2\ln 10)$ 时,

$$\sigma_c(\beta) = \frac{10^{\beta}}{2\beta e \ln 10} \tag{1-35}$$

而在 $\beta < \beta_u$ 时,纤维束中最弱纤维的断裂就能够引起整个纤维束的整体断裂,这是理想的脆性状态,此时 $\sigma_c(\beta) = 10^{-\beta}$。在发生宏观断裂前,模型中纤维的断裂比例符合以下形式

$$1 - \frac{1}{2\beta \ln 10} \tag{1-36}$$

纤维断裂的雪崩尺寸分布符合 $D(\Delta) \sim \Delta^{-\xi}$ 形式的幂律分布,其幂律指数对不同的雪崩尺寸大小具有渡越行为,在 $\Delta > \Delta_c$ 时,$\xi = 5/2$,而在 $\Delta < \Delta_c$ 时,$\xi = 3/2$,其中渡越雪崩尺寸满足

$$\Delta_c(\beta) = \frac{2}{(1 - e10^{-2\beta})^2} \tag{1-37}$$

因此,当 β 取值极小和极大时,单一纤维的断裂强度决定了纤维束整体的断裂强度。例如在 β 取值极小时,外加负载引起较弱纤维的断裂后,由于阈值分布相对集中,容易引起较大尺寸的雪崩直至整个系统的宏观断裂。而当 β 取值特别大时,外加负载需要增加到接近 10^{β} 时才能够使整个纤维束发生最终断裂。

Danku 和 Kun[85]引入了一种强无序的纤维束模型,假设纤维的断裂阈值 σ_{th} 处于 $\sigma_{th}^{min} \leqslant \sigma_{th} < +\infty$ 之间,并具有以下的概率密度函数:

$$p(\sigma_{th}) = \mu \sigma_{th}^{-1-\mu} \tag{1-38}$$

其中阈值最小值定义为

$$\sigma_{th}^{min} = 1 \tag{1-39}$$

其最大值没有限制,μ 就成为决定系统高无序性的主要参量。研究发现,通过控制幂律指数 μ 来减少系统的无序性时,系统能够经历从准脆性相过渡到理

想脆性相的渡越过程。在理想脆性状态下,脆性断裂突然爆发,第一根纤维断裂就能够引发整个系统的宏观灾难性的断裂。而对于平均应力再分配下的准脆性相,阈值的长尾无序分布引起了均匀的断裂过程,此时,在准静态负载加载过程中,雪崩序列没有表现出任何断裂加速过程。雪崩尺寸分布的幂律分布指数比一般平均应力再分配下要小。通过解析近似和数值模拟分析均能证明模型从准脆性到脆性的相变类似于连续相变,并且确定了该相变的临界指数。为了研究裂纹周围应力场的非均匀性对断裂演化的影响,该文章还分析了最近邻应力再分配的形式。当应力再分配方式为最近邻应力再分配时,该模型的雪崩尺寸分布和经典纤维束模型不同,仍较好地符合幂率分布,但幂率分布指数又和平均应力再分配下有所不同。在高无序极限下,该模型的断裂损伤空间结构类似于点渗流模型,但在接近于理想脆性的临界点处却具有不同的团簇结构。

此后,Kádár 等[86]认识到系统尺寸对数值模拟结果的影响,分析了断裂阈值符合式所示的幂律分布的纤维束模型的有限尺寸效应问题。通过改变纤维断裂强度幂律分布的幂律指数和强度上限,在平均应力再分配下,揭示了模型尺寸对其拉伸断裂性质的显著影响。在系统尺寸较小时,纤维束强度随着系统尺寸的增加而增强,只有在系统尺寸超过一定特征尺寸后,通常纤维束模型中那种随尺寸减小的有限尺寸效应才会出现。通过数值模拟构建了系统的宏观强度对纤维模型中微观无序参量的依赖关系

$$\langle \sigma_c \rangle(N) \sim N^{1/\mu - 1} \tag{1-40}$$

这一关系对各尺寸的系统均成立。

后来,Kádár[87]又对该模型雪崩过程的统计性质进行了分析,同时分析了系统尺寸对雪崩统计性质的影响。通过改变纤维断裂强度幂律分布的幂律指数和强度上限,模型能够表现出来理想脆性和准脆性状态,前者一根最弱的纤维的断裂就能够引起整个纤维束系统的宏观断裂;而后者在应力加载型准静态拉伸过程中,在出现宏观断裂前要经历一系列的雪崩过程。在准脆性相,模型的雪崩尺寸分布具有复杂的统计性质。分析发现,模型雪崩尺寸分布满足的函数形式依赖于系统的尺寸,对于较大截断上限的纤维强度,小尺寸系统雪崩序列满足幂律分布,且幂律指数具有普适性。然而对于足够大的系统,纤维断裂过程会加速宏观断裂临界点的到来,这将导致系统的雪崩尺寸统计出现两种幂律分布的渡越行为。两种方案之间的过渡发生在取决于障碍参数的特征系统大小上。渡越行为出现对应的系统临界尺寸的大小依赖于模型的无序程度参量。

Kádár 和 Pál 等[88]考虑到无序系统在接近宏观断裂点时雪崩过程的加速作用,应用高无序的纤维束模型构建了预测早期宏观断裂趋势的方法。分析发现,伴随着断裂过程,对雪崩序列的统计记录可以作为检验断裂加速现象的有力

工具,称为预测最终宏观断裂的预警信号。对非匀质材料,应用高无序的纤维束模型,随着无序程度的增加,模型表现出理想的脆性、准脆性和延展性之间的转变。对雪崩大小的爆发周期的分析,证明了加速断裂过程始于一个特征记录等级,在该等级以下,由于系统的无序性占据优势,记录的断裂加速过程变得缓慢;而在其之上,应力再分配机制触发更多的雪崩,从而加速了断裂的动力学过程。该断裂早期预警信号的出现取决于系统的无序程度,使得低无序材料的高脆性断裂和强无序的材料的延展性断裂都是无法预测的。

(3) 含随机热噪声和时间依赖的纤维束模型

为研究实际材料中的无序性对断裂过程的影响,在经典的纤维束模型的基础上通过引入热噪声来研究热致断裂过程成为纤维束模型中的又一热点问题[89-91]。研究热致断裂过程是在经典纤维束模型基础上在负载或应力再分配中引入新的随机性。最近 Yoshioka 等[92-93]在准静态的连续负载基础上加上热噪声涨落项研究了纤维束模型在平均应力再分配和最近邻应力再分配下的断裂过程。通过模拟研究了纤维束的断裂时间与温度和系统尺寸的关系,同时模拟了不同温度下的雪崩尺寸分布。Lehmann 等[94-95]在研究非均匀无序物质的断裂过程时,提出了在经典纤维束模型的基础上在应力再分配中引入随机因素。首先在平均应力再分配基础上引入了随机因素,应用该模型研究了复杂网络的断裂过程及其稳定性问题。然后又构建了一般局域应力再分配并引入随机因素的影响,研究了断裂的临界应力以及应力大于临界应力后断裂概率受模型参数的影响。

Yoshioka 等[96]引入了含热噪声的纤维束模型,在经典纤维束模型的基础上,假设施加到某根纤维上的负载具有以下的形式

$$\sigma_i = \sigma_i^* + \xi_i(t) \tag{1-41}$$

其中,σ_i^* 是第 i 根纤维承担的负载的确定部分,由外部负载和应力再分配机制决定,$\xi_i(t)$ 是和时间有关的热噪声项,在温度为 T 时,热噪声满足以下的分布

$$p(\xi, T) = \left(\frac{1}{\sqrt{2\pi T}}\right) \exp\left(\frac{-\xi^2}{2T}\right) \tag{1-42}$$

同时,构建了一种新的蒙特卡罗方法用于模拟以上含热噪声的纤维束模型的蠕变断裂过程。模拟发现不同于以往的模拟方法,这种新的蒙特卡罗方法不管是在平均应力再分配还是最近邻应力再分配下,计算效率都与温度的取值,也就是热噪声的随机性无关,模型的计算时间仅取决于系统的尺寸和所加的负载。在负载取极小值时,系统的弛豫时间趋于发散,但是模拟时间却能够趋于常量。

Körei[97]引入了时间依赖的纤维束模型,研究了非均匀材料负载从最初固定值逐渐卸载的断裂过程。发现模型在负载逐渐卸载过程中根据卸载速度的不

同出现了两个相:在快速负载卸载下出现了部分断裂,对应无穷大的寿命,而在缓慢负载卸载下经过有限大小的寿命后出现了系统的宏观断裂。分析发现,以上两个相的相变过程类似于连续相变。在以上两个相,断裂的时间演化开始于以雪崩速度的普适性衰减为标志的雪崩爆发的弛豫过程。在有限大寿命相,最初的减慢损伤之后是向着宏观断裂的损伤加速,在这一过程中,雪崩的增长率服从地震科学中的 Omori 定律。文章给出了损伤发生率达到最小值的时间与系统寿命之间的强相关性,从而可以从理论上预测即将发生的灾难性宏观断裂。

(4) 连续损伤的纤维束模型

Kun 等[98-100]受到宏观连续损伤现象的启发,考虑到单根纤维的连续损伤拉伸性质构建了连续损伤纤维束模型。在平均应力再分配和最近邻应力再分配下分别用解析近似和数值模拟方法分析了模型所表现出来的宏观塑性等拉伸性质与模型参数选取之间的关系。同时发现,由脆性的连续损伤纤维组成的纤维束模型在宏观上能够表现出一定的易延展性。在最近邻应力再分配下发现淬火无序断裂阈值分布更容易使模型出现损伤局域化。模拟结果表明模型在某些参数选择下雪崩尺寸分布可以出现远离 5/2 普适性的新的分布形式。

为了描述一些复合材料在拉伸实验中表现出的分层特性[101],Raischel 等[102]在以上连续损伤纤维束模型的基础上考虑损伤诱发和裂纹传播中的分层现象对该模型进行了推广。将模型中纤维的最大损伤次数从固定值推广到符合泊松分布的随机数,同时考虑了阈值分布的淬火无序和退火无序。通过对解析近似和数值模拟方法得到的结果进行分析发现该模型不存在原来连续损伤纤维束模型所表现出来的宏观塑性,取而代之的是出现了材料硬化。数值模拟结果显示改变模型的参数,微观上雪崩尺寸分布能够出现幂指数由 $-5/2$ 到 $-3/2$ 的渡越行为。

(5) 混合纤维束模型

经典纤维束模型并不能很好地描述一些非匀质复合材料,如木材、竹材、各种复合增强材料等,为了更好地描述非匀质复合材料,需要在经典纤维束模型的基础上构建一系列混合纤维束模型。Divakaran 等[103]构建了由两种不同 Weibull 分布组成的混合纤维束模型,在该模型中纤维的断裂阈值按照比例分别满足两种不同参数的 Weibull 分布。通过解析近似分析了模型的临界应力和雪崩尺寸分布受到两种阈值分布混合比例的影响。

在阈值为均匀分布的经典纤维束模型的基础上,Divakaran 等[104-105]构建了非连续均匀分布的纤维束模型,假设纤维的阈值分布为非连续的均匀分布。或者从另外一个角度来说,相当于是两种不同范围的均匀分布纤维束的混合,因此也可以看成是一种混合纤维束模型。与其他混合纤维束模型不同的是这里改变的是两种混合纤维的自身分布,而不是混合比例。后来在此基础上 Divakaran 等[106]又构建了多间隙的非连续均匀分布纤维束模型。分析发现在阈值分布具有多个概率间隙时,对较小的雪崩尺寸其分布不再具有普适性,也不满足简单的幂律关系;但对较大的雪崩尺寸其分布仍然表现出普适性。

Pradhan 等[73]构建了一个混合局域应力再分配纤维束模型,假设应力再分配方式由最近邻应力再分配和平均应力再分配按照一定的比例组合而成。模型在极限条件下能够回到最近邻应力再分配或平均应力再分配。通过数值模拟方法分析了模型的强度变化、雪崩尺寸统计、敏感性和弛豫时间变化的渡越行为。结果表明,即使在一维情况下,模型依然具有从平均场作用到短程关联的渡越行为。

Bosia 等[107]为了更好地描述蜘蛛丝等生物蛋白纤维中的分层现象,引入了脆性-塑性混合的纤维束模型。模拟发现,由于一定比例塑性纤维束的加入,模型能够表现出没有灾难性断裂的塑性状态。通过模拟能够确定模型出现无灾难性断裂的塑性状态所需要的塑性纤维的临界比例,这为设计高强度材料提供了理论参考。

Roy 和 Manna[108]构建了由两种强度分布的纤维组成的混合纤维束模型,通过改变模型的参数,研究了该模型的脆性到半脆性的转变性质。在该模型中,假设纤维的断裂阈值分布符合双峰的间隔均匀分布;两种强度分布的纤维的比例为 p 和 $1-p$,每一种纤维的分布宽度记为 d,两种纤维分布的间隔记为 $2s$。在不同参数下,通过分析其在平均应力再分配下拉伸断裂过程的三个参量,及雪崩之前的平均纤维断裂比例、宏观断裂前所需的平均雪崩尺寸和除最后雪崩以外的平均雪崩尺寸,证实了纤维的分布宽度满足临界关系式

$$d_c(s,p) = p(1/2-s)/(1+p) \tag{1-43}$$

时,模型的拉伸性质出现脆性到半脆性的转变。

(6) 其他扩展纤维束模型

另外,Raischel 等[109]提出了由塑性纤维组成的塑性纤维束模型,假设每一根纤维在发生断裂后仍保留一定比例 $a(0 \leqslant a \leqslant 1)$ 的应力。在平均应力再分配下发现,当断裂后的应力保留比例趋向于 1 时,系统表现出良好的塑性,此时的雪崩尺寸分布趋于经典纤维束模型的幂指数为 $-5/2$ 的幂律分布。而在最近邻应力再分配下,计算机模拟结果显示 a 存在一个临界值,使得系统出现从局域应力集中引起的宏观断裂相向无序控制的损伤过程的转变。此时雪崩尺寸分布出现了幂指数为 $-3/2$ 的幂律分布。

Faillettaz 等[110]构建了新的局域应力再分配方式,在最近邻应力再分配的基础上考虑了 4 近邻、8 近邻的应力再分配方式。通过数值模拟的方法分析了

空间关联长度对非匀质材料断裂过程的影响。分析发现随着局域应力再分配下纤维束模型空间关联强度的增加,系统出现了从易延展的扩散性损伤向脆性断裂的转变。模拟结果表明,在物质内部材质相同时,内部组织结构和应力分配方式的不同可以产生不同的断裂模式。然而,模型依然存在一个与应力再分配方式、材料微观的空间结构无关的"普适"的宏观断裂性质。

Patinet 等[111]构建了另外一种最近邻应力再分配的纤维束模型,假设拉伸纤维束时两端的夹子一端为刚性夹子(平均应力再分配对应的假设),另外一端为极软性的夹子(最近邻应力再分配对应的假设)。模拟发现,纤维束在一维排列时,模型的性质等同于最近邻应力再分配的纤维束模型。在连续极限下,可以应用该模型计算纤维束的等效韧性,从而可以探讨临界缺陷的成核化现象。

Karpas 等[112]引入了杨氏模量改变的纤维束模型,假设纤维束中纤维的断裂阈值为常数,而杨氏模量符合随机分布。通过分析发现该模型中两种不同杨氏模量分布的混合纤维束的强度比任一种成分的模型具有的强度都要低。连续分布杨氏模量分布曲线的尾部特征对模型断裂的强度具有决定性影响。应用幂率分布强度,说明系统存在着一个无序诱发的从脆性到半脆性的连续相变。

Hope 等[113]引入了含噪声的纤维束模型,也就是在断裂过程中,纤维的断裂阈值在某一固定值周围变化。此时雪崩尺寸分布依然符合幂率分布,这时幂率指数与经典纤维束模型不同。和经典纤维束模型类似,系统处于宏观断裂点附近时,雪崩尺寸分布存在着由部分断裂到最终断裂的渡越行为,成为理论上预测断裂的信号。

Sobrinho 等[114]引入了纵向分段的纤维束模型,通过数值模拟分析了纤维状物质断裂过程中无序的影响。模拟结果显示断裂过程对模型的无序程度非常敏感,特别是高无序纤维束断裂前的最大负载比低无序纤维束偏低。另外,该文还分析了裂纹轮廓的粗糙化与最初负载之间的关系,发现随着最初负载增加使得裂纹粗糙度出现了下降。

Karpas[115]为探索材料内部无序性对断裂性质的影响,研究了无序弹性模型和无序断裂阈值共同作用下对系统断裂过程稳定性的影响。在经典纤维束模型的断裂阈值无序的基础上,引入纤维拉伸弹性模量的无序性,假设纤维的断裂阈值在 $\sigma-$ 和 $\sigma+$ 之间随机变化,同时弹性模量在 $E-$ 和 $E+$ 之间随机变化。在平均应力再分配下,当假设断裂阈值和弹性模量都符合均匀分布时,模型能够表现出一定的非脆性断裂性质,说明弹性模量和阈值的随机性对脆性纤维的断裂起到了稳定作用。在断裂统计性质方面,系统随机性的强弱并没有改变雪崩尺寸的分布性质,其幂律分布指数依然是 5/2。而在假设弹性模量和阈值满足最小截断的 Weibull 分布时,在雪崩尺寸的幂律分布指数上出现了从 5/2 到 3/2

的渡越行为。这一结果和以往具有最低截断阈值分布的纤维束模型的结果是吻合的,本质上还是相当于只统计了经典纤维束模型在拉伸断裂后半段的雪崩尺寸分布。

Danku 等[116]构建了高维的纤维束模型,分析了模型维度对非匀质材料拉伸断裂过程的宏观力学性质和微观断裂动力学性质的影响。通过数值模拟,分析了局域应力再分配下的纤维束模型从 1 维到 8 维的断裂过程、应力-应变曲线、断裂强度和雪崩尺寸统计行为。分析发现在系统维度增加的过程中,模型存在一个从局域应力再分配普适类到平均应力再分配普适类的缓慢渡越过程。两种普适类之间的演化过程可以由指数函数进行描述。模拟显示,裂纹雪崩平均时间的演化曲线随系统的尺寸而变化,从局域应力再分配的强非对称形状转变为平均应力再分配的对称抛物线形状。

Roy 等[117]假设了纤维束中的各纤维在拉伸初始阶段具有非线性的应力-应变关系,构建了非线性的纤维束模型。在该模型中,假设每根纤维在达到断裂阈值之前,其应力-应变关系符合 $\sigma = G(\varepsilon)$ 的函数关系。文章研究了 $G(\varepsilon) = e^{\alpha \varepsilon}$,$1 + \varepsilon^{\alpha}$,$\varepsilon^{\alpha}$,$\varepsilon e^{\alpha \varepsilon}$ 等四种函数形式,其中 α 是模型的可调参数。使用解析近似和数值模拟方法分析了模型的宏观断裂性质及其断裂机制。分析发现,仅在前两种情况下,存在脆性到准脆性相变的临界值为 α_c。这一相变的特征是在临界点两侧对弛豫时间的弱幂律调制对数(脆性)和对数(准脆性)依赖关系。此外,在所有情况下,纤维束整体断裂的临界应力 σ_c 都依赖于参数 α 的取值,并都观察到了类似的脆性到准脆性转变。

在非匀质材料中,材料微观结构常存在分层级结构,在不同的层级都存在各自的周期性结构,有点类似于自相似分形结构,这种分层级结构常存在于生物物质或合成材料中。Biswas[118]为了研究分层级结构对非匀质物质力学相应特性和断裂过程的影响,构建了分层级的纤维束模型。通过数值模拟方法分析了二层、三层和多层的纤维束模型的拉伸断裂过程。分析发现一般情况下,分层级纤维束模型较之正常纤维束模型具有更小的拉伸强度,这和以往在电阻丝模型的结果是一致的[119]。同时,模拟还发现了一种特殊的分层级纤维束模型的结构,在此结构下,分层级纤维束模型的拉伸强度高于相应的普通纤维束模型。

Roy[120]应用纤维束模型研究了非匀质材料拉伸断裂的统计动力学问题。虽然该模型的微观假设上并不包含任何非线性流变或随机性,但是模型还是能够用来模拟类似蠕变的动力学过程,此时只需要在纤维束两端施加一个略大于临界应力的恒定负载即可。在该恒力拉伸至断裂的过程中,可以分为初始阶段、中间阶段和收尾阶段。在初始阶段和收尾阶段,应变率和拉伸时间之间存在着一个幂律关系,这一关系可以分别满足 Omori-Utsu 定律和逆 Omori 定律,只是幂律指数比平常实验中观察到的结果更大。在初始阶段,幂律关系起始的特征时间随着系统无序程度的增加而单调降低。在平均场理论成立的情况下,理论解析结果和数值模拟结果吻合得很好。而在平均场理论近似之外,幂律指数变得更大,但仍然随着系统无序性的增加而降低。随着纤维束内部相互作用空间范围的增大,幂律指数与系统无序性无关,并收敛于平均场理论的极限值。

后来,Roy[121]又应用纤维束模型研究了非匀质材料超过临界负载时的断裂时间。模型的主要影响因素是系统的无序程度 δ 和应力释放再分配的范围 R。在平均场理论近似下,断裂时间具有对数正态分布,此时,平均断裂时间与无序程度和系统尺寸之间具有以下形式的关系

$$\tau_f \sim L^{\alpha(\delta)} \tag{1-44}$$

在无序程度超过临界值 $\delta_c = 1/6$ 时,幂指数 α 为常数,而在无序程度不超过临界值时,幂指数 α 随无序程度 δ 的增大而增大。在另一方面,当应力释放再分配范围 R 较小,局域应力集中性效应起决定性作用时,断裂时间具有以下形式的标度行为

$$\tau_f \sim L^{\alpha(\delta)} \Phi(R/L^{1-\alpha(\delta)}) \tag{1-45}$$

其中,R 为应力释放再分配范围。在以上两种极限之间转换的临界应力释放再分配范围 R_c 满足以下标度形式

$$R_c \sim L^{1-\alpha(\delta)} \tag{1-46}$$

Hendrick 等[122]应用平均应力再分配下的纤维束模拟了一般断裂过程中的临界行为。对临界行为的研究通常有离散的递归方法和连续方程两种途径。文中引入了一个细观的连续性方程来描述临界行为,这样纤维束模型的断裂过程就和非平衡相变联系在一起了。同时该工作还促进了纤维束模型的平均场理论研究。

1.6　随机电阻丝模型

Arcangelis 等[11]在 1985 年引入并研究的随机电阻丝模型是一个广泛使用和非常有效的模型,可以描述大量无序非均匀材料的断裂动力学过程[123]。在一系列的准平衡过程中,网络被加载在适当的周期性边界条件下,断裂过程得以一步一步进行。一个随机电阻丝网络表示一个标量模拟弹性介质,这样的模型相对简单且容易处理,同时还能得到断裂过程中的基本特征[124]。

经典电阻丝模型满足两个基本假设。一是假设模型中电阻丝具有不可逆的熔断性质,要求电阻丝网络模型满足连续 Laplace 方程:

$$\nabla^2 V = 0 \tag{1-47}$$

在节点 x_{ij} 处电流和电压取决于连接电阻丝的电导率并遵守基尔霍夫定律和欧

姆定律。当电阻丝中的电流达到熔断电流 i_c 时,电阻丝烧断,其中的电流变为零,这样的断裂过程描述脆性材料。二是假设模型的断裂过程具有一定的无序性[123]。模型的无序性可以通过引入一定的淬火无序来实现。在电阻丝模型中,淬火无序性具有多种引入方式[125]。一是假设各电阻丝具有满足某种分布函数 $p(x)$ 的不同断裂阈值,断裂阈值的随机分布常用来研究模型由弱无序到强无序的渡越行为,此时断裂阈值取 $[1-R,1+R]$ 区间的均匀分布或 $[0,1]$ 之间符合 $p(t)\propto t^{-1+\beta},0\leqslant t\leqslant 1$ 的幂律分布。前者均匀分布是在完全有序($R=0$)和强无序($R=1$)之间的取值状态,而后者可以表示极强的无序状态。二是随机稀释,在模拟开始时随机除去比例为 p 的电阻丝,这一思想来源于研究相变和临界现象常用的渗滤模型。在电阻丝模型中引入渗滤无序可以将材料的断裂过程看成相变过程来研究,而宏观断裂则可以用相变的临界点进行描述。三是引入随机电导率,假设各电阻丝的电导率符合概率分布函数 $p_c(x)$。一般情况下,类似于具有局域可变弹性系数的弹性介质或简单的渗滤无序,淬火无序电导率能够使局域电流之间产生关联。

对于电阻丝熔断阈值的分布,按照强度变量 α_t 和 $f(\alpha_t)$ 的均匀阈值分布($0\leqslant t\leqslant 1$)给出:

$$f_t(\alpha_t)=2-\alpha_t \quad 0\leqslant\alpha_t\leqslant 2 \tag{1-48}$$

其中,$\alpha_t=\dfrac{\log t}{\log L},f_t(\alpha_t)=\dfrac{\log L^2 tP(t)}{\log L}$ 因此,在 0~1 之间的均匀概率分布,表征阈值分布 $P(t)$ 的两个控制参数 Φ_0,Φ_∞ 接近于 0 和无穷大,分别赋予 $\Phi_0=1$,$\Phi_\infty=\infty$,其中定义

$$\Phi_{0/\infty}=\lim_{t\to 0/\infty}\left(\frac{\log(tP(t))}{\log(t)}\right) \tag{1-49}$$

对于幂律阈值分布,标度不变阈值范围为:

$$f_t(\alpha_t)=2-\beta\alpha_t \quad 0\leqslant\alpha_t\leqslant\frac{2}{\beta} \tag{1-50}$$

两个控制参数为 $\Phi_0=\beta,\Phi_\infty=\infty$。基于两个控制变量 Φ_0,Φ_∞ 的值,均匀阈值分布和幂律阈值分布($\beta\leqslant 2$)都属于相同的标度制(被损伤和局域化表征),根据分析,如果指数 ν 具有普适性,我们期待发现 $\nu=4/3$ 适用于均匀和幂律阈值分布。

另外,经典的脆性电阻丝模型还需要考虑时间离散化的极限情况,即电流的弛豫时间远远小于外电势或者电流的变化时间,对于任何形式的局域电流超过断裂阈值的情况均忽略。由此模型的动力学过程可以转化为求解:

$$\max_{ij}=\frac{i_{t,ij}}{i_{c,ij}} \tag{1-51}$$

这样的情况常见于极值动力学,最终会发生雪崩效应。在经典脆性电阻丝

模型的基础上一个有意义的扩展是考虑具有相当塑性的模型。相应的电阻丝在电流达到阈值时不再熔断,此时电流变为一个恒定值。这种脆性塑性混合的电阻丝模型还有待进行更深入的研究,应用这一模型可以从理论的角度研究断裂粗糙表面的标度性质[38]。

从 1985 年随机电阻丝模型的提出开始,对随机电阻丝模型的研究引起了众多科研工作者的重视,人们对随机电阻丝模型的研究开展了一系列的工作,并取得了许多重要的成果。Duxbury 等[126]提出了一种局域断裂理论,他们认为电阻丝网中一根电阻丝的断裂只会影响其周围的电阻丝上的电流分布情况,发现在淬火随机介质中电击穿的尺寸效应,即局域断裂理论,证明了随机淬火介质中的有限缺陷部分可以定性地降低实际材料的电流击穿性能。Arcangelis 等[127]提出了一种新的电阻丝模型,这种电阻丝模型是在整个电阻丝网上随机给予断裂阈值。他们计算了断裂特征并且发现在断裂的早期,电压和电流呈现一种幂律关系。Phani 等[128]人通过数值模拟的方法分析了强无序随机电阻丝模型的损伤成核化和局域化,说明了断裂的过程和特点,找到了损伤标度律并指出损伤在大尺寸上的不相关性,研究了电阻丝模型在断裂过程中的雪崩效应。两年后,Nukala 等[129]通过研究大尺度的模型和大量样本,分析了三维随机电阻丝模型断裂粗糙度和断裂面的标度特征,表明损伤累积是以发散的方式进行直至峰值载荷处,然后发生局域化,同时发现整体表面粗糙度指数与峰值载荷后损伤轮廓的局域化长度是一致的,最后对不同的系统尺寸,断裂宽度分布可以很好地塌缩在一起。Batrouni 等[63]研究了三维随机电阻丝模型,他们使用了两种不同的电阻丝阈值分布,尽管一些性质会有不同,但是粗糙度指数相同,满足 $\alpha = 0.62 \pm 0.05$。Toussaint 等[130]还从平均场理论的角度对柱形电阻丝网络的断裂机制进行了研究,通过分离和分析系统的相图,找到了系统尺寸和损伤发生的特征尺寸之间的标度律。Bakke 等[131]在研究断裂面粗糙度的映射工作中指出在电阻丝模型中粗糙度指数是普遍的,但是小范围的阈值分布在裂纹粗糙度研究中占据重要地位,结果发现当晶格影响断裂生长时,电阻丝模型的粗糙度指数会随着阈值分布而改变;当影响消失时,局部粗糙度指数趋于 $\alpha_{loc} = 0.65 \pm 0.03$。为了验证电阻丝模型的理论工作,Otomar 等[132]进行了一次电阻丝网络的实验,其实验材料是铜线和钢羊毛线。铜丝遵循的是无序分布较弱的那种分布律,而钢羊毛线遵循的是无序分布较强的那种分布律。实验结果表明,标度率只和电阻丝网络的无序性有关。

大量对电阻丝模型的研究工作表明应用电阻丝模型可以较好地模拟材料断裂的雪崩过程,应用这一模型不但可以模拟材料断裂过程中的力学和统计性质,同时也可以用来研究材料断裂面的形貌或标度性质。

1.7 本书的主要结构及内容

在经典纤维束模型的基础上,已有的大量扩展纤维束模型的研究工作表明,根据具体不同材料的特性构建合适的扩展纤维束模型是应用纤维束模型研究材料拉伸断裂性质的一个可行的方法。本书的主要内容是对各种扩展纤维束模型进行解析近似或数值模拟分析,分析和讨论各影响因素对模型拉伸断裂性质的影响。

第 2 章通过对强非匀质纤维束模型的模拟进一步研究强非均匀物质断裂过程的宏观性质和微观机制。在模拟中考虑了更能反映实际材料裂纹前沿应力集中效应的最近邻应力再分配方式,对最近邻应力再分配下模型的断裂过程进行了较全面的分析。模拟得到了模型的本构关系、临界应力、最大雪崩尺寸、雪崩尺寸分布、负载加载步数等受不断裂纤维比例和纤维断裂阈值分布的影响。

第 3 章应用数值模拟方法详细研究了强无序的连续损伤纤维束模型。该模型在经典纤维束模型的基础上考虑了复合材料中纤维逐渐损伤过程中的强无序性。在准静态拉伸过程中考虑裂纹前沿的应力集中效应,采用最近邻应力再分配方式研究了模型的宏观本构关系和微观断裂统计性质。

第 4 章构建了一个具有黏滑动力学的纤维束模型,该模型在已有黏滑动力学模型的基础上考虑了黏滑过程中杨氏模量的变化。因而,一根纤维的最大黏滑次数 K_{max} 和杨氏模量变化系数 α 成为这一模型的两个关键变量。在应力加载型拉伸条件下,考虑平均应力再分配方式,利用解析近似和数值模拟方法对模型进行了研究,分析了最大黏滑次数 K_{max} 和杨氏模量变化系数 α 对模型宏观力学性质和断裂统计性质的影响。

第 5 章在双线性纤维束模型的基础上构建了多线性纤维束模型,考虑了纤维在最终脆性断裂前经历若干次杨氏模量的衰变。因而,多线性纤维束模型的主要参数是杨氏模量的衰变次数 K_{1max} 和杨氏模量的衰变比例 α_1。在准静态应力控制型拉伸条件下,通过解析近似和数值模拟两种方法对该模型的宏观断裂性质和微观断裂机制进行了分析,并对两种方法得到的结果进行了比较。

第 6 章应用数值模拟的方法研究了经典纤维束模型在最近邻应力再分配下拉伸断裂过程的渡越行为。最近邻应力再分配下,在断裂纤维周围出现应力集中效应,从而在整体上产生损伤局域化,使得模型前期的断裂过程不能采用具有最低截断的纤维束模型来描述。在本章利用分段方法分别计算了每一个分段中的拉伸断裂性质,分析了模型在拉伸断裂过程中各力学性质和统计性质随着拉伸过程的渡越行为。尝试构建了预测模型最终宏观灾难性断裂的理论方法。

第 7 章将平均应力再分配的脆性-塑性混合纤维束模型推广到了最近邻应力再分配形式。在该模型中考虑塑性纤维比例 α_2 和相对塑性强度 κ 两个主要影响因素,应用数值模拟的方法分别分析了两个主要影响因素对模型断裂雪崩过程的影响。

第 8 章构建了一个含缺陷的扩展纤维束模型,与经典纤维束模型相比,引入缺陷后主要改变了纤维束模型的阈值分布情况。在该模型中,主要考虑缺陷的尺寸大小和分布密度,用指数 κ_1 和比例 α_3 来表示。在平均应力再分配下,通过解析近似和数值模拟方法分析了模型的断裂雪崩过程中的宏观力学性质和断裂统计性质。

第 9 章应用第 8 章构建的含缺陷的纤维束模型,通过模拟方法研究了最近邻应力再分配下模型的断裂雪崩过程。

第十章通过数值模拟方法分析了纤维束模型的有限尺寸效应。利用格点模型研究实际材料性质时,模型的边界效应使得模型的性质受到模型尺寸大小的影响,称为有限尺寸效应。然而由于计算机计算能力的限制,不可能模拟无限大尺寸的格点模型。本章通过数值模拟方法分析了经典纤维束模型的有限尺寸效应,并尝试构建了简单的外推方法,使得通过模拟有限大小的模型得到模型在无限大极限下的性质成为可能。

第 11 章构建了杨氏模量具有一定分布的扩展纤维束模型,考虑了杨氏模量在 $[E_{\min},1]$ 取值范围内满足幂律分布,因此,模型的主要影响因素是最小杨氏模量 $E_{\min}$ 和幂律指数 a。考虑了常用的平均应力再分配方式,通过解析近似方法得到了模型的临界应力和雪崩尺寸分布情况。然后应用解析近似方法对模型的拉伸断裂性质进行了详细分析,研究了纤维状材料内部弹性模量对其拉伸断裂性质的影响,同时与解析近似结果进行了比较分析。

第 12 章在基本的含缺陷纤维束模型的基础上,构建了含团簇状缺陷的扩展纤维束模型。在该模型中,假设缺陷位置在纤维束中随机分布,同时缺陷的尺寸在一定大小范围内随机分布。在常用的平均应力再分配下,通过数值模拟分析了缺陷个数、缺陷尺寸和缺陷内部损伤的分布形式对模型拉伸断裂性质的影响。同时还分析了系统尺寸对模型拉伸强度的影响,也就是模型的有限尺寸效应。

第 13 章考虑局域应力再分配造成的局域应力集中效应,在最近邻应力再分配下,分析了第 12 章构建的含团簇状缺陷纤维束模型的雪崩断裂过程。通过数值模拟分析了在局域应力集中效应下,缺陷个数、缺陷尺寸和缺陷内部损伤分布形式对模型拉伸断裂性质的影响。同时还分析了此时模型的有限尺寸效应。

最后,在第 14 章,对本书内容进行了总结,同时对下一步可能的工作进行了展望。

第2章　强非匀质纤维束模型的雪崩断裂过程

为研究材料内部的非均匀性对断裂过程的影响,Hidalgo 等[133]在经典纤维束模型的基础上提出了强非匀质纤维束模型。假设材料具有两种成分,即在纤维束模型中假设一种纤维的断裂阈值符合一定的概率分布,而另一种纤维则具有极大的断裂阈值,在拉伸过程中不会断裂。文中应用平均应力再分配分析了两种纤维的比例对断裂过程产生的关键性影响,发现模型存在着临界比例,使得系统在拉伸过程中出现局部的塑性状态。非断裂纤维比例在该临界比例之下时,雪崩尺寸分布符合 $-5/2$ 的普适性幂率分布;而当非断裂纤维比例较大时,雪崩尺寸分布的幂指数变为 $-9/4$。

Hidalgo 等在研究中仅考虑了较为简单的平均应力再分配的情况,相比较而言,最近邻应力再分配考虑了裂纹前沿的应力集中效应,更能够描述实际非均匀物质断裂的应力再分配机制。同时,应力再分配方式会对模型断裂的宏观及微观性质产生决定性的影响[12]。为进一步揭示强非均匀物质在短程关联下的断裂性质,在 Hidalgo 等[133]研究的基础上,本章将应用最近邻应力再分配方式对强非匀质纤维束模型的雪崩过程进行模拟研究。在断裂纤维的断裂阈值符合均匀分布和 Weibull 分布两种情况下,分析了不断裂纤维的比例对纤维束本构关系、临界应力、雪崩尺寸、雪崩尺寸分布及负载加载步数的影响。

2.1　强非匀质纤维束模型

假设强非匀质纤维束模型由一束 N 根纤维平行排列组成,每根纤维具有相同的杨氏模量 $E=1$。为描述非均匀无序物质的断裂过程,假设纤维束由两种具有不同断裂性质的纤维组成。在纤维束中比例为 η 的纤维具有极大的强度,断裂阈值可以看成无穷大,这部分纤维在加载负载时不会断裂。其余比例为 $1-\eta$ 的纤维为正常断裂的纤维,共有 $N(1-\eta)$ 根,设其断裂阈值分布的概率密度函数为 p,则相应的累积概率分布函数为

$$P(\sigma_{\text{th}}) = \int_0^{\sigma_{\text{th}}} p(x)\mathrm{d}x \tag{2-1}$$

对这部分断裂纤维考虑两种阈值分布,一种为阈值在 0 和 1 之间的均匀分布,即

$$P(\sigma) = \begin{cases} \sigma & 0 \leqslant \sigma \leqslant 1 \\ 1 & \sigma > 1 \end{cases} \tag{2-2}$$

另一种为 Weibull 分布,其累积概率分布函数为

$$P(\sigma) = 1 - \exp[-(\sigma/\lambda)^m] \tag{2-3}$$

参照对纤维束模型的大量研究工作,式中取 $m=2$, $\lambda=1$。模型在拉伸过程中考虑负载以应力控制型准静态方式加载,即负载每次加载至剩余纤维中最弱的一根纤维刚好出现断裂。纤维断裂后释放的负载平均分配给最邻近的两根未断裂纤维。为得到稳定的统计结果,本书模拟纤维束的根数 $N=100\,000$,以下结果均为 1 000 次模拟过程的平均。

2.2　强非匀质纤维束的拉伸断裂性质

为展现模型拉伸断裂过程所具有的宏观力学性质,对应不同的不断裂纤维比例 η 值,模拟得到了模型的本构关系。图 2-1 和图 2-2 分别对应断裂纤维的阈值呈均匀分布和 Weibull 分布两种情况。对各 η 的取值,在应变 ε 足够大时,所占比例为 $1-\eta$ 的正常断裂纤维已经完全断裂,应力全部由比例为 η 的不断裂纤维承担。因而,此时本构曲线呈直线,其斜率为 ηE。当 η 较小时,应力随着应变的变化出现一个局域峰值。应力峰值大小以及该峰值对应的应变值随着 η 的增大而单调增大,说明不断裂纤维的比例越大,断裂前的负载能力越强。随着 η 的增大,存在一个临界比例 η_c,当 $\eta > \eta_c$ 时,应力-应变曲线中的局域峰值消失了,应力随着应变的增大而单调增加。此时随着应变的增大,应力-应变曲线的斜率先是减小,然后缓慢增大,断裂纤维完全断裂后,该斜率趋近于 ηE。采用二分逼近法,通过模拟不同比例 η 的本构关系得到阈值呈均匀分布时临界比例 η_c $=0.325\pm0.001$,呈 Weibull 分布时对应的临界比例 $\eta_c=0.343\pm0.001$。当 $\eta=\eta_c$ 时,本构关系曲线存在一个拐点,应力的局域最大值刚好消失。在曲线拐点附近,随着应变的增大,系统出现了局部的塑性状态。随着应变的继续增大,这一塑性状态被打破,应力开始随着应变单调增加。临界比例 η_c 的存在反映了在不同的不断裂纤维比例下,系统具有显著不同的微观断裂机制。

对材料的断裂过程,断裂前的最大应力反映了材料承担负载的能力,定义临界应力 σ_c 为断裂纤维完全断裂前系统所能承担的最大应力。在强非匀质纤维

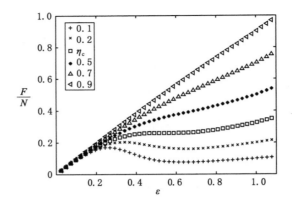

图 2-1　断裂阈值呈均匀分布时在不同 η 取值下模型的本构关系

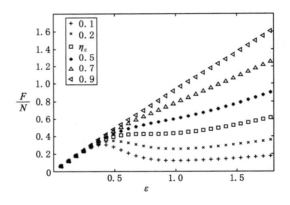

图 2-2　断裂阈值呈 Weibull 分布时在不同 η 取值下模型的本构关系

束模型中，$\eta < \eta_c$ 时 σ_c 对应本构关系中局域最大负载，而在 $\eta > \eta_c$ 时 σ_c 则对应断裂纤维完全断裂时的负载值。图 2-3 给出了断裂纤维的阈值符合均匀分布和 Weibull 分布时临界应力随不断裂纤维比例 η 的变化。从图中可以看出，临界应力和 η 间满足近似线性的单调关系。随着比例 η 的增大，不断裂纤维完全断裂前系统所能承担的最大负载越来越大，说明一定比例的高强度纤维对提升系统的负载承受能力具有重要的作用。

　　在系统宏观最终断裂之前，外加负载增加的次数反映了模型在准静态负载加载过程中断裂的弛豫过程。系统在准静态地拉伸到完全断裂前，外加负载需增加的次数定义为负载加载步数。在不同的不断裂纤维比例 η 下，模拟得到了负载加载步数随 η 的变化，如图 2-4 所示。阈值分布在均匀分布和 Weibull 分

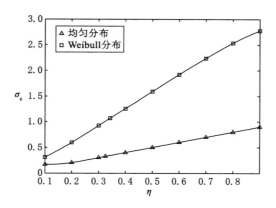

图 2-3　临界应力 σ_c 随不断裂纤维比例 η 的变化

布下,负载加载步数(x)和 η 间均满足相似的非单调关系,在临界比例附近负载加载步数出现最大值。从负载加载步数也可以说明在临界比例附近系统出现了局部的塑性状态,塑性状态使得系统更加稳定,在外加负载作用下,其断裂的弛豫过程更长。在不断裂纤维比例较小时,均匀分布比 Weibull 分布下负载的加载步数更大,说明无序的增大使得负载的加载步数减小。

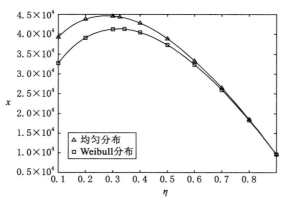

图 2-4　负载加载步数 x 随不断裂纤维比例 η 的变化

2.3　强非匀质纤维束雪崩过程的统计性质

在准静态负载加载过程中,每次加载一定负载后,一根最弱纤维的断裂可能引发有若干根纤维断裂的雪崩过程。雪崩尺寸的大小对系统崩溃的快慢具有决定性的影响,而且在材料拉伸实验中,雪崩尺寸大小可以通过声发射技术进行分析。图 2-5 是通过模拟得到的在阈值呈均匀分布和 Weibull 分布时断裂过程中最大雪崩尺寸和 η 的关系。随着 η 的增大,最大雪崩尺寸单调下降。在 η 较小时,η 对最大雪崩尺寸的影响比较明显,随着 η 的增大最大雪崩尺寸迅速减小。当 $\eta>0.6$ 时,最大雪崩尺寸小于 10,此时较大比例的不断裂纤维阻碍了雪崩过程的继续,雪崩尺寸受到 η 的影响不明显。相比 Weibull 分布,在 η 较小时,均匀分布的最大雪崩尺寸较小,而当 η 较大时,断裂阈值分布不同造成的差异可以忽略不计。相比在平均应力再分配时最大雪崩尺寸与 η 的关系,在局域应力再分配下最大雪崩尺寸与 η 的关系更加简单,仅具有单调的关系,而且阈值分布对这一关系的影响也变得不明显。

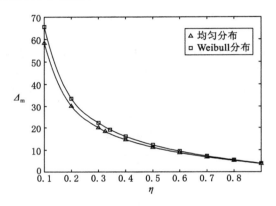

图 2-5　最大雪崩尺寸随不断裂纤维比例 η 的变化

材料断裂的雪崩过程是引起系统宏观崩溃的微观机制。因而,在准静态负载加载过程中研究材料损伤的雪崩统计性质是研究材料损伤动力学的重要途径。雪崩尺寸的大小为准静态负载加载过程中一次加载所引起的纤维的断裂根数。Hemmer 等[53]给出了经典纤维束模型的雪崩尺寸满足以下幂律形式的分布:

$$D(\Delta)/N = C\Delta^{-\xi} \tag{2-4}$$

其中 $\xi=5/2$。在平均应力再分配情况下,雪崩尺寸分布具有普适性,对于不同的无序状态幂指数均为 $-5/2$[62,65,134]。而在局域应力再分配情况下,雪崩尺寸分布受纤维束的均匀性和无序性的影响非常明显。断裂阈值符合简单均匀分布的纤维束模型在最近邻应力再分配下雪崩尺寸分布满足幂指数为 $-9/2$ 的幂律关系[60]。而在更复杂的断裂阈值分布情况下,局域应力再分配下雪崩尺寸分布并不满足幂律关系,只有较大的雪崩尺寸渐进地满足幂律关系[62,65]。本书在均匀分布和 Weibull 分布两种情况下,模拟得到了在不同 η 取值下的雪崩尺寸分布,如图 2-6 和图 2-7 所示。从图中可以看出,雪崩尺寸分布整体不满足幂律关系。雪崩尺寸是否满足幂律关系可能主要取决于纤维断裂后应力的再分配方式,即在断裂过程中材料的空间关联强度决定了雪崩统计分布的性质。在不断裂纤维比例较小时,雪崩尺寸分布整体具有近似的指数分布形式,随着比例 η 的增大,雪崩尺寸分布逐渐趋近于幂律关系。在断裂阈值均匀分布时,对于较大尺寸的雪崩,其尺寸分布趋近于幂律关系,在 $\eta=0.1$ 时幂指数 $\xi=1.38$,在 $\eta=0.9$ 时幂指数 $\xi=1.87$。而在阈值呈 Weibull 分布时,对较大尺寸的雪崩,其尺寸分布同样具有近似的幂律关系,在 $\eta=0.1$ 时幂指数 $\xi=1.74$,在 $\eta=0.9$ 时幂指数 $\xi=2.18$。由以上结果可以看出,断裂阈值分布和不断裂纤维比例均对雪崩尺寸分布产生了显著的影响。

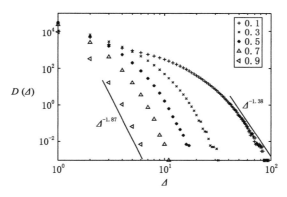

图 2-6　断裂阈值呈均匀分布时的雪崩尺寸分布

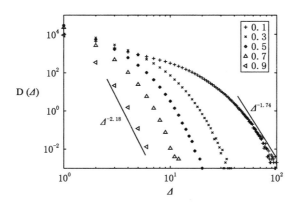

图 2-7　断裂阈值呈 Weibull 分布时的雪崩尺寸分布

2.4 分析与讨论

本章通过对强非匀质纤维束模型的模拟进一步研究了强非均匀物质断裂过程的宏观性质和微观机制。相比 Hidalgo 等[133]在断裂过程中仅考虑了比较简单的平均应力再分配机制,本章考虑了更能反映实际材料裂纹前沿应力集中效应的最近邻应力再分配方式。在最近邻应力再分配下,纤维束模型的断裂过程难以解析求解。本章采用了数值方法对强非匀质纤维束模型的断裂过程进行了模拟,对最近邻应力再分配下模型的断裂过程进行了较全面的分析。模拟模型的本构关系、临界应力、最大雪崩尺寸、雪崩尺寸分布、负载加载步数等受不断裂纤维比例 η 和纤维断裂阈值分布的影响情况。

从模拟结果可以看出,纤维束模型中的不断裂纤维成分对纤维束的断裂过程不管在宏观还是微观上均产生了显著的影响。在宏观本构关系中,不断裂纤维比例存在着一个临界值 η_c 使得纤维束在断裂过程中出现局域的塑性状态,这也将本构关系分成单调关系和具有局域峰值两种情况。纤维束整体断裂前的临界负载和不断裂纤维比例 η 呈近似的线性关系,随着 η 的增大,临界负载近似线性增大。微观上,在不同的不断裂纤维比例 η 下,断裂的最大雪崩尺寸和雪崩尺寸分布均出现明显的不同。在不断裂纤维比例较小时,模型的雪崩尺寸分布和经典纤维束模型在局域应力再分配时比较接近,整体上雪崩尺寸分布并不满足幂律关系,只有在较大雪崩尺寸极限下渐进地满足幂律关系。而在不断裂纤维比例较大时,雪崩尺寸分布整体上近似呈现幂律关系。在断裂过程中,外加负载的加载步数反映了断裂的弛豫过程,随着 η 的变化,在临界比例附近负载加载步数出现最值。纤维束所表现出的以上性质说明,不断裂纤维的存在对断裂过程产生了显著的影响。在微观方面,η 的不同使得断裂的雪崩过程出现了不同的统计性质;而在宏观方面,高强度的不断裂纤维使得纤维束具有更强的负载能力以及更长的断裂弛豫过程。而临界比例 η_c 的存在说明不同强度的脆性纤维在配比合适时,宏观上可以表现出局部的塑性状态。本章对强非均质纤维束模型的详细研究除具有重要的理论意义外,还对提高非均匀复合材料性能具有一定的指导意义。

第 3 章　强无序连续损伤纤维束模型的雪崩断裂过程

Zapperi 等[135]曾研究了非均匀物质中微断裂的塑性和雪崩问题,通过模拟研究发现微断裂过程中的雪崩尺寸和断裂弛豫时间均近似满足幂律统计规律。在此基础上 Kun 等[98]在经典纤维束模型中引入了连续损伤的断裂机理,构建了连续损伤纤维束模型。在平均应力再分配下对模型进行了解析近似研究,在最近邻应力再分配下对模型进行了模拟研究,并对两种情况下的宏观断裂性质进行了比较。而在微观方面,主要应用聚类分析方法研究了断裂的统计性质以及淬火噪声引发的损伤局域化问题。Hidalgo 等[99]详细研究了连续损伤纤维束模型的本构关系、损伤过程以及连续损伤的雪崩行为。对应不同的模型参数,连续损伤纤维束模型表现出不同宏观断裂性质。最近 Hidalgo 等[100]应用解析近似和数值模拟两种方法对连续损伤纤维束模型的雪崩尺寸分布等断裂的统计性质进行了详细研究。通过改变模型的参数,发现连续损伤纤维束模型可以表现出一系列不同的本构行为,在微观上则给出了能够描述具有不同雪崩尺寸分布的一系列连续损伤纤维束模型的相图。在以上对连续损伤纤维束模型研究的基础上,Raischel 等[102]为更好地描述强无序物质的渐进损伤过程对连续损伤纤维束模型进行了扩展。为描述复合材料中纤维的连续损伤次数所具有的无序性,在模型中假设纤维的最大损伤次数 K_{max} 为满足 Poisson 分布的随机数。在平均应力再分配下,通过解析近似和数值模拟发现,强无序对模型的宏观及微观断裂性质具有显著的影响。

Raischel 等[102]发现强无序连续损伤纤维束模型包含了无序物质断裂的丰富性质[106,136]。然而对该模型的研究仅考虑了平均应力再分配形式,相比较而言,最近邻应力再分配更能够描述无序物质断裂时的应力再分配[12]。为研究无序物质断裂过程中裂纹前沿的应力集中,进一步揭示强无序物质的断裂机制,本章将应用数值模拟方法研究最近邻应力再分配下强无序连续损伤纤维束模型的断裂过程。通过模拟主要探讨模型的本构关系、临界应力及其分布、最大雪崩尺寸、雪崩尺寸分布以及负载加载步数与模型主要参数最大损伤次数的关系。

3.1　强无序连续损伤纤维束模型

参照已有的大量对纤维束模型的研究工作,假设强无序连续损伤纤维束模型由 N 根一维平行排列的杨氏模量为 $E_f=1$ 的纤维构成。各纤维的断裂阈值记为 σ_i,$i=1,2,\cdots,N$。σ_i 为满足均匀分布或 Weibull 分布的随机数,随机数的分布函数记为 p,则其累积分布函数可以表示为:

$$P(\sigma_i)=\int_0^{\sigma_i} p(x)\,\mathrm{d}x \tag{3-1}$$

本章的模拟假设

$$P(\sigma)=\begin{cases}\sigma & 0\leqslant\sigma\leqslant 1 \\ 1 & \sigma>1\end{cases} \tag{3-2}$$

也就是断裂阈值满足 0 到 1 之间的均匀分布。纤维在拉伸至损伤前是线弹性的,当纤维上承担的应力达到损伤阈值时,纤维发生损伤,其杨氏模量变为原来的 $a=0.8$ 倍。理论上假设每根纤维在最终断裂前可以损伤超过一次,因而纤维的最大损伤次数就成为模型的重要参数。

为描述实际无序物质,假设不同纤维的最大损伤次数 $k_{\max}$ 是符合 Poisson 分布的随机数。

$$n_k(k_{\max})=\frac{\chi^{k_{\max}}\,\mathrm{e}^{-\chi}}{k_{\max}!} \tag{3-3}$$

其中 $\kappa=<k_{\max}>$ 为纤维最大损伤次数 $k_{\max}$ 的期望值[102]。为描述物质的强无序性,损伤阈值 σ_i^i 假设具有退火无序,因此,一根纤维的多次损伤阈值为 0 到 1 之间满足均匀分布的随机数。最近邻应力再分配要求,一根纤维损伤或断裂后释放出来的应力被分配至两边最近邻的未断裂纤维。当一根纤维损伤 $k_{\max}$ 次后,其残余强度(RS)分成两种不同的情况:一种是假设纤维经过 $k_{\max}$ 次损伤还具有 $a^{k_{\max}}$ 的弹性模量;另一种情况是经历 $k_{\max}$ 次损伤后纤维出现最终断裂,剩余强度为 0。在实际模拟过程中,负载准静态地加载,每次负载加载仅仅使得最弱的一根未断裂纤维出现损伤或断裂。为了得到可靠的模拟结果,纤维束的根数为 $N=100\ 000$,模拟结果是 1 000 次断裂过程的系综平均。

3.2　强无序连续损伤纤维束的拉伸断裂性质

图 3-1 为无残余强度的强无序连续损伤纤维束的本构关系,而有残余强度的本构关系则如图 3-2 所示,此本构关系描述了强无序物质断裂的宏观动力学

性质。图中所示的最近邻应力再分配下纤维束的宏观本构曲线,在拉伸初始阶段与平均应力再分配下的结果能很好地吻合[102]。而最近邻应力再分配下模型的断裂强度相比平均应力再分配时有了显著的降低。在纤维最终断裂前,纤维束表现出的应力-应变关系没有受到最大损伤次数期望值 κ 和残余强度的影响。在有残余强度和无残余强度两种情况下,临界断裂强度随着 κ 的增大而增加。比较而言,在无残余强度下,临界断裂强度受 κ 的影响更加明显。当 $\kappa = 2$ 时,残余强度的有无对系统宏观断裂所对应的临界应变有明显的影响,而在 κ 取值较大时,两种情况下临界断裂强度趋于相同的渐进值。在有残余强度的情况下,模型发生宏观断裂后出现线性渐进行为的原因是纤维经历 k_{max} 次损伤后存在着符合线弹性的残余强度。

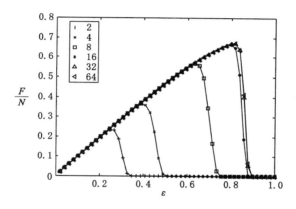

图 3-1 不同 κ 取值下无残余强度时模型的本构关系

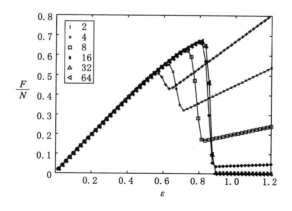

图 3-2 不同 κ 取值下有残余强度时模型的本构关系

为详细描述 κ 和残余强度对断裂强度的影响,图 3-3 给出了有、无残余强度的情况下临界应力随 κ 的变化关系。图 3-3 为双对数坐标,图中可以分成两个阶段,当 κ 较小时,临界应力随着 κ 的增大呈幂律增加,而当 κ 较大时,临界应力达到一个与残余强度无关的饱和值。在 κ 较小时,在无残余强度的情况下,最大损伤次数的期望值对临界应力的影响比有残余强度时大得多。这是因为在 κ 较小时,残余强度相比纤维的原始强度所占比例比较大,而在 κ 较大时,残余强度相比纤维的原始强度可以忽略不计。因为在 κ 取值较大时,纤维在接近最终断裂时的实际强度相比原始强度已经非常小,此时再继续增大 κ,对实际强度影响可以忽略不计,因而临界应力达到饱和值。

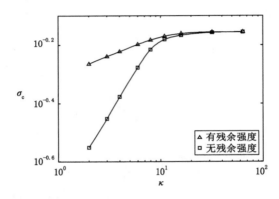

图 3-3   临界应力随 κ 的变化

图 3-4 给出了有、无残余强度的情况下多次模拟得到的临界应力的统计分布,图中分布已经进行了归一化处理。从图中可以看出残余强度的有无对临界应力的统计分布影响并不明显。随着 κ 的增大,临界应力的分布变得越来越集中,说明在多次模拟中,临界应力的变化随着 κ 的增大变小了。同时说明,随着 κ 的增大,模型最初损伤阈值分布的随机性和最大损伤次数的随机性对模型强度的影响逐渐可以忽略,模型具有更高的稳定性。

为探讨模型在准静态负载加载时断裂的弛豫过程,图 3-5 给出了负载加载步数随 κ 的变化。从图中可以看出,负载加载步数随 κ 的关系存在着明显的渡越行为,负载加载步数从随着 κ 增加到最后达到饱和。当 κ 较小时,负载加载步数和 κ 之间近似满足幂律关系,而当 κ 足够大时,负载加载步数达到一个与残余强度无关的饱和值。对较小的 κ 取值,残余强度的存在会显著提高模型断裂过程中的负载加载步数;而在 κ 较大时,残余强度相比纤维的原始强度来说可以忽略不计,因而,此时负载加载步数的饱和值与残余强度是否存在无关。

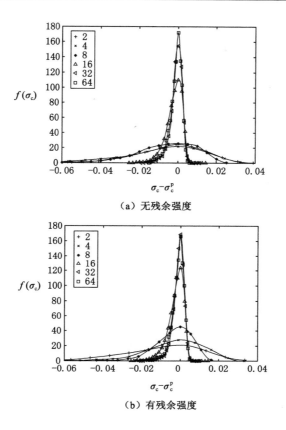

（a）无残余强度

（b）有残余强度

图 3-4 归一化的临界应力分布图

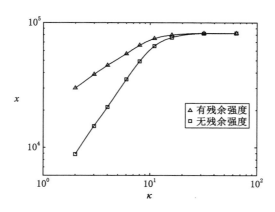

图 3-5 负载加载步数随 κ 的变化

3.3 强无序连续损伤纤维束雪崩过程的统计性质

图 3-6 给出了纤维束的平均最大雪崩尺寸 Δ_m 随最大损伤次数期望值 κ 的变化。在图 3-6 的双对数坐标图中可以清晰地看出,最大雪崩尺寸 Δ_m 随着 κ 的增大迅速增加。最大雪崩尺寸 Δ_m 和 κ 之间满足以下幂律关系

$$\Delta_m \sim \kappa^\gamma \tag{3-4}$$

其中有残余强度时 $\gamma = 2.4$,无残余强度时 $\gamma = 2.6$。当最大损伤次数期望值达到 64 时,最大雪崩尺寸增加的比较缓慢,且有趋于饱和的趋势。最大雪崩尺寸具有饱和值的原因是系统纤维根数 N 限制了雪崩尺寸随 κ 的持续增加。当雪崩尺寸和系统尺寸可以比拟时,雪崩尺寸不再增加。残余强度对最大雪崩尺寸的影响很小,这是因为残余强度主要影响了宏观损伤以后的拉伸过程,而雪崩则发生在宏观损伤之前。

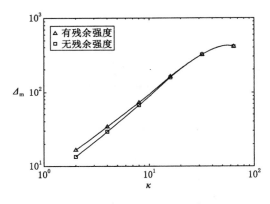

图 3-6　最大雪崩尺寸随 κ 的变化

由于最近邻应力再分配下模型的断裂过程比平均应力再分配下更加迅速,微观上最近邻应力再分配下雪崩尺寸分布可能不再满足普适的幂律关系。图 3-7 和 3-8 给出了通过模拟得到的强无序连续损伤纤维束在有无残余强度时的雪崩尺寸分布。从以上两图可以看出,在两种情况下雪崩尺寸分布都能很好地符合幂律关系。随着 κ 的变化,雪崩尺寸分布存在着明显的渡越行为,渡越行为的存在说明雪崩尺寸尤其是较大的雪崩尺寸随着 κ 的增大有明显的增大。在图 3-7 中,上方的数据对应 κ 取极大值时,幂律指数 $\xi = 3.2$,而在 $\kappa = 2$ 时,幂指数 $\xi = 4.2$。在图 3-8 中,当 $\kappa = 2$ 时,雪崩尺寸分布的幂律指数 $\xi = 4.8$,而在 κ 取极大值时,幂律指数 $\xi = 3.2$。当最大损伤次数期望值取值较大时,有残余强

度和无残余强度两种情况下,雪崩尺寸分布具有相同的幂律分布。图 3-7 和图 3-8 中的插图给出了幂律指数随 κ 的变化。在 κ 较小时,幂律指数随着 κ 的增加近似线性减小,而当 κ 大于 16 时,幂指数达到饱和值 $\xi=3.2$。在最近邻应力再分配下,裂纹前沿的应力集中使得系统在断裂纤维附近出现了局域的空间关联。而远离断裂点的纤维由于相比平均应力再分配时获得再分配应力的机会极小,因而最大雪崩尺寸下降了,这就导致雪崩尺寸的幂律分布指数比平均应力再分配时显著增大。和经典纤维束模型类似,本模型中的空间关联性质会对微观断裂统计性质产生决定性的影响[72]。从以上的分析可以看出,虽然该模型在最近邻应力再分配下的雪崩尺寸分布符合幂律关系,但是却没有平均应力再分配下的普适行为。

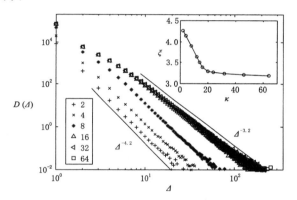

图 3-7　无残余强度时连续损伤纤维束模型的雪崩尺寸分布
（插图表示幂指数 ξ 随 κ 的变化）

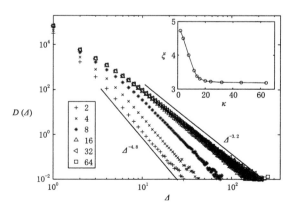

图 3-8　有残余强度时连续损伤纤维束模型的雪崩尺寸分布
（插图表示幂指数随 κ 的变化）

3.4 分析与讨论

本章应用数值模拟方法详细研究了强无序的连续损伤纤维束模型。该模型是在经典纤维束模型的基础上考虑了复合材料中纤维逐渐损伤过程中的强无序性。因而模型具有两个主要参数:纤维的最大损伤次数期望值和残余强度。在应力控制型准静态拉伸条件下,通过数值模拟研究了模型的宏观本构关系和微观断裂统计性质。

与平均应力再分配下本构关系中应力随应变缓慢变化不同,在最近邻应力再分配下,应力-应变关系在临界应变处出现了突变。这是因为在最近邻应力再分配下,短程的空间关联产生了损伤局域化,加速了系统崩溃的过程。模拟结果显示,临界应力和负载加载步数随着 κ 的变化具有类似的关系,在 κ 较小时,随着 κ 的增大呈幂律增加,而在 κ 较大时,则达到饱和值。在最大损伤次数期望值 κ 较大时,模型的性质则主要受到了模型有限大小尺寸的影响。

另外一个有意义的结果是,模型在各参数选择下雪崩尺寸分布均符合幂律分布。雪崩尺寸分布的幂律指数明显与平均应力再分配时不同,说明此时雪崩尺寸分布不再具有平均应力再分配时的普适性。另外,本章模拟中假设了最大损伤次数符合 Poisson 分布,如果换成常用的 Weibull 分布后,对以上结果没有实质性的影响,仅仅影响了临界应力、最大雪崩尺寸和负载加载步数等具体的取值。事实上,通过现有的模拟结果还不能断定在图 3-3、图 3-5、图 3-6 中的关系一定是幂律关系,更进一步的证明则需依赖于更大尺寸的模拟结果和可行的解析近似方法。

总之,以上结果说明强无序连续损伤纤维束模型可以描述更加广泛的如木材和珍珠母等具有非单调本构关系的强无序复合材料的断裂问题[69,136-137]。同时,本章的结果对理解多成分混合材料断裂过程也具有一定的参考意义。

第 4 章　可变杨氏模量的黏滑纤维束
模型的雪崩断裂过程

对于一些生物蛋白纤维,例如蜘蛛丝等,在拉伸过程中会出现应变突变的现象,称之为黏滑现象[138]。实验发现,出现黏滑现象的原因是蜘蛛丝等蛋白纤维微观上具有折叠的结构,在应力达到一定的阈值时,这种折叠结构就会展开,宏观上出现了黏滑运动[139]。为从理论上研究具有黏滑动力学物质的断裂过程,Halász 等[140-141]在经典纤维束模型的基础上构建了黏滑纤维束模型。假设每一根纤维在局域应力达到一定阈值后,纤维出现滑动,应变随之增大。而当继续增大应变后,纤维又恢复到了原有的弹性状态。最终当应力足够大时,黏滑纤维出现断裂。应用解析近似和数值模拟方法,Halász 等给出了黏滑次数和黏滑后的残余强度对模型本构关系、雪崩尺寸分布等断裂性质的影响。

为描述更加广泛的生物纤维的拉伸断裂过程[142-145],在以上黏滑纤维束模型的基础上考虑了黏滑过程中弹性模量的改变,构建了可变杨氏模量的黏滑纤维束模型。在模型中考虑纤维的杨氏模量在黏滑以后减小或增加,具体算法是黏滑后在杨氏模量上乘以杨氏模量改变系数。通过解析近似和数值模拟方法研究杨氏模量改变系数和黏滑次数对模型宏观断裂性质和微观断裂机制的影响。

4.1　可变杨氏模量的黏滑纤维束模型

可变杨氏模量的黏滑纤维束模型由 N 根杨氏模量可变的纤维平行排列组成。假设每根纤维在拉伸初始阶段具有杨氏模量 $E=1$,当纤维上的应变达到一定阈值后,纤维出现黏滑运动。然后纤维所承担的应力完全释放,同时纤维的杨氏模量变为 αE,其中 α 为杨氏模量改变系数。本模型中对纤维的黏滑阈值考虑退火无序形式,即每次黏滑后纤维将获得一个全新的黏滑阈值。如图 4-1 所示,一根纤维的历次黏滑阈值可以表示为 σ_i^j,其中下标 i 表示纤维束中任意第 i 根纤维,$j=1,2,\cdots,K_{\max}$,表示此纤维第 j 次滑动。$K_{\max}$ 表示一根纤维在发生最

终断裂前可以经历 K_{max} 次黏滑运动。经过 j 次黏滑后纤维的杨氏模量变为 $\alpha^j E$。黏滑阈值 σ_i^j 假设符合 Weibull 分布,其累积概率分布函数可以表示为

$$P(\sigma) = 1 - \exp[-(\sigma/\lambda)^m] \tag{4-1}$$

参考已有的大量文献,取 $m=2, \lambda=1$。阈值的累积概率分布函数与概率密度间满足以下积分关系:

$$P(\sigma) = \int_0^\sigma p(x)\mathrm{d}x \tag{4-2}$$

在宏观应变为 ε 时,一根经历了 j 次黏滑的纤维能够承担的应力可以表示为

$$f_j = \alpha^j E_f(\varepsilon - \varepsilon_1 - \varepsilon_2 - \cdots - \varepsilon_j) \tag{4-3}$$

其中 ε_j 表示纤维第 j 次黏滑所对应的应变阈值。在纤维黏滑或最终断裂后,其释放负载假设按照平均应力再分配方式在剩余未断裂纤维中进行再分配。在数值模拟中为得到可靠的结果,纤维根数设定为 $N=100\ 000$,结果为 $2\ 000$ 次以上模拟的系综平均。

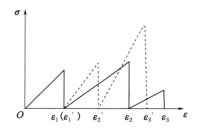

图 4-1   杨氏模量可变的具有黏滑动力学的纤维束的本构行为
(实线表示黏滑过程中杨氏模量减小,虚线表示黏滑过程中杨氏模量增加)

4.2   可变杨氏模量的黏滑纤维束模型的解析分析

平均应力再分配下的纤维束模型一般可以进行解析近似处理。对于经典纤维束模型,在平均应力再分配下应力-应变关系可以表示为:

$$f = F/N = \varepsilon[1 - P(\varepsilon)] \tag{4-4}$$

式(4-4)可以描述可变杨氏模量的黏滑纤维束模型在黏滑次数为 0 时的极限情况。如果纤维在断裂前仅允许黏滑一次,当宏观应变为 ε 时,纤维可以分为两类:黏滑阈值满足 $\sigma \geqslant E\varepsilon$ 的纤维尚未出现黏滑现象,其承担的应力可以表示为 $E\varepsilon$;而阈值 $\sigma < E\varepsilon$ 的纤维已经发生了一次黏滑,能够承担的应力则表示为 $\alpha E(\varepsilon - \varepsilon_1)$。总体上,宏观应力-应变关系可以表示为以下形式

$$F/N = \varepsilon[1 - P(\varepsilon)] + \int_0^\varepsilon p(\varepsilon_1) d\varepsilon_1 \alpha(\varepsilon - \varepsilon_1)[1 - P(\alpha(\varepsilon - \varepsilon_1))] \quad (4-5)$$

对于纤维可以黏滑 K_{max} 次的一般情况,宏观的应力-应变关系可以表示为各种情况之和的形式(令 $K = K_{max}$)

$$\frac{F}{N} = f(\varepsilon) = f_0(\varepsilon) + f_1(\varepsilon) + f_2(\varepsilon) + \cdots + f_K(\varepsilon) \quad (4-6)$$

其中 $f_0(\varepsilon) = \varepsilon[1 - P(\varepsilon)]$,

$$f_1(\varepsilon) = \int_0^\varepsilon d\varepsilon_i p(\varepsilon_1) \alpha(\varepsilon - \varepsilon_1)[1 - P(\alpha(\varepsilon - \varepsilon_1))], \quad (4-7)$$

$$f_2(\varepsilon) = \int_0^\varepsilon \int_0^{\varepsilon - \varepsilon_1} d\varepsilon_1 d\varepsilon_2 p(\varepsilon_1) p(\alpha\varepsilon_2) \alpha^2(\varepsilon - \varepsilon_1 - \varepsilon_2)[1 - P(\alpha^2(\varepsilon - \varepsilon_1 - \varepsilon_2))]$$
$$\quad (4-8)$$

$$\vdots$$

$$f_K(\varepsilon) = \int_0^\varepsilon \int_0^{\varepsilon - \varepsilon_1} \cdots \int_0^{\varepsilon - \varepsilon_1 \cdots - \varepsilon_{K-1}} \prod_{i=1}^K d\varepsilon_i p(\alpha^{i-1}\varepsilon_i) \alpha^K \left(\varepsilon - \sum_{j=1}^K \varepsilon_j\right)$$
$$\left[1 - P\left(\alpha^K\left(\varepsilon - \sum_{j=1}^K \varepsilon_j\right)\right)\right] \quad (4-9)$$

将以上各式代入式(4-6)中,通过数值求解式即可得到模型的应力-应变关系。

在微观上,雪崩尺寸分布可以反映材料的微观断裂机制,雪崩尺寸分布的解析理论可以参照 Hidalgo 等[100]在分析连续损伤纤维束模型时使用的解析近似方法。对平均应力再分配下的经典纤维束模型,Hemmer 和 Hansen[53,62]给出了准静态负载加载过程中雪崩尺寸 Δ 对应的概率密度函数

$$D(\Delta) = \frac{\Delta^{\Delta-1}}{\Delta!} \int_0^{\varepsilon_m} p\left(\frac{\varepsilon}{\sum_{i=1}^{K+1} \frac{1}{\alpha^{i-1}}}\right) (1 - a_\varepsilon) a_\varepsilon^{\Delta-1} e^{-\Delta a_\varepsilon} d\varepsilon \quad (4-10)$$

其中 ε 为纤维束的宏观应变,ε_m 表示了整个纤维束发生最终宏观断裂时对应的系统的最大应变值。a_ε 表示宏观应变 ε 增加无限小量 $d\varepsilon$ 时对应的断裂纤维的比例。

对于已经黏滑 k 次的纤维,出现最终 $k+1$ 次断裂的概率密度可以表示为:

$$p_k^{k+1}(\varepsilon) = \frac{d}{d\varepsilon} \int_0^\varepsilon \int_0^{\varepsilon - \varepsilon_1} \cdots \int_0^{\varepsilon - \varepsilon_1 \cdots - \varepsilon_{K-1}} \prod_{i=1}^K d\varepsilon_i p(\alpha^{i-1}\varepsilon_i) \quad (4-11)$$

发生此次断裂后所释放出来的负载为 $\delta f = \alpha^K\left(\varepsilon - \sum_{j=1}^K \varepsilon_j\right)$,释放的负载将在尚未断裂的纤维中均匀分配。应力再分配所引起的未断裂纤维的应变增加量可以表示为

$$\delta\varepsilon = \frac{\delta f}{Y(\varepsilon)} = \frac{\alpha^K}{Y(\varepsilon)}\left(\varepsilon - \sum_{j=1}^{K}\varepsilon_j\right) \tag{4-12}$$

其中 $Y(\varepsilon)$ 表示宏观应变为 ε 时纤维束的等效杨氏模量,该等效杨氏模量可以由下式得到

$$f = Y(\varepsilon)\varepsilon \tag{4-13}$$

因此,在应变为 ε 时,一根纤维断裂所引起的未断裂纤维发生断裂的总概率可以表示为

$$p_{\text{tot}}(\varepsilon) = p_k^{k+1}(\varepsilon)\delta\varepsilon = \frac{\mathrm{d}}{\mathrm{d}\varepsilon}\int_0^\varepsilon\int_0^{\varepsilon-\varepsilon_1}\cdots\int_0^{\varepsilon-\varepsilon_1-\cdots-\varepsilon_{K-1}}\prod_{i=1}^{K}\mathrm{d}\varepsilon_i p(\alpha^{i-1}\varepsilon_i)\left(\varepsilon - \sum_{j=1}^{K}\varepsilon_j\right)\frac{\alpha^K}{Y(\varepsilon)} \tag{4-14}$$

式(4-14)可以看成是式(4-10)中 a_ε 的另一种表示形式。代入式(4-10)中可以通过数值积分的方法得到任意雪崩尺寸 Δ 对应的概率密度函数值 $D(\Delta)$,从而可以画出纤维束断裂过程对应的雪崩尺寸分布。

4.3 最大黏滑次数对可变杨氏模量黏滑纤维束拉伸断裂过程的影响

$K_{\max}$ 表示纤维在最终断裂前出现黏滑的次数,黏滑次数直接影响了纤维在拉伸过程中的应力-应变关系,对纤维束的拉伸断裂性质也会产生显著的影响。通过解析近似和数值模拟可以得到纤维束分别在 $\alpha=0.8$ 和 $\alpha=1.2$ 两种情况下本构关系和断裂统计性质与 $K_{\max}$ 取值的关系。

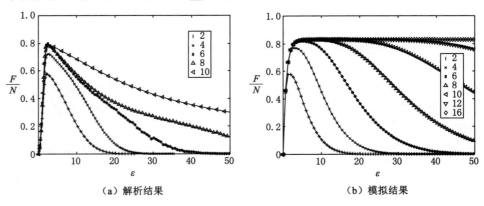

（a）解析结果　　　　　　　　（b）模拟结果

图 4-2　$\alpha=0.8$ 时对不同 $K_{\max}$ 取值纤维束的本构曲线

通过解析近似和数值模拟分别得到的纤维束的本构关系如图 4-2 和 4-3 所

示。图 4-2 显示了 $\alpha=0.8$ 时在不同 K_{max} 取值下纤维束的本构关系,而图 4-3 则
给出了 $\alpha=1.2$ 时的本构关系。从图中可以看出,杨氏模量的改变和最大黏滑次
数 K_{max} 的取值都会对纤维束的本构关系产生显著影响。在拉伸的初始阶段,即
当 ε 取值较小时,K_{max} 对应力-应变曲线的影响并不明显。而随着 ε 的增大,
K_{max} 的影响变得明显。在图 4-2 中,随着黏滑的发生杨氏模量减小,解析和模
拟结果均显示,随着 K_{max} 的增大,纤维束最终断裂对应的最大应变显著增加。
图 4-2(b)中模拟结果显示,在 K_{max} 较小时应力-应变曲线表现出尖锐的单峰状,
随着 K_{max} 的增大,本构曲线显示出越来越明显的塑性状态,塑性平台的长度也
随之增加。在图 4-2(a)的解析结果中,没有出现明显的塑性区域。在 K_{max} 较大
时,解析近似结果和模拟结果出现偏差的原因应是解析中所做的必要近似以及
在蒙特卡罗积分中引入的误差。图 4-3 给出了杨氏模量增大时的情况,对各
K_{max} 取值,应力-应变曲线均呈现单峰形状。K_{max} 对拉伸过程的影响体现在对
拉伸过程中最大应力的影响,完全断裂所对应的最大应变不随 K_{max} 变化。

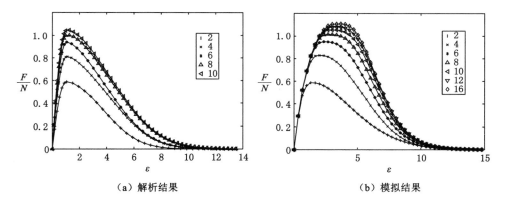

（a）解析结果　　　　　　　　　　　（b）模拟结果

图 4-3　$\alpha=1.2$ 时对不同 K_{max} 取值纤维束的本构曲线

K_{max} 对纤维束本构关系的影响同样体现在临界应力随着 K_{max} 的增大而单
调增大,如图 4-4 所示。在 $\alpha=0.8$ 时,随着 K_{max} 的增大,临界应力单调地增大,
当 K_{max} 足够大时,临界应力达到一个饱和值。而在 $\alpha=1.2$ 时,在解析和模拟计
算的范围内可以看出临界应力随着 K_{max} 单调增大,在 K_{max} 较大时仅仅具有饱和
的趋势。相比较而言,在 $\alpha=1.2$ 时解析近似结果和模拟结果的差异要比 $\alpha=0.8$
时小得多,这和图 4-2 及图 4-3 中显示的结果是一致的。总之,杨氏模量的改变
可以对纤维束宏观拉伸断裂过程产生显著影响。在杨氏模量减小时,K_{max} 的变
化主要影响模型宏观断裂对应的最大应变;而在杨氏模量增加的情况下,K_{max}
主要对临界应力产生影响。

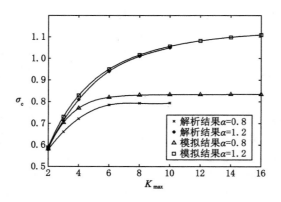

图 4-4 模型临界应力随 K_{max} 的变化

图 4-5 画出了 $\alpha=0.8$ 及 $\alpha=1.2$ 两种情况下,纤维束断裂过程中的最大雪崩尺寸随着最大黏滑次数 K_{max} 的变化。从图中可以看出,在 K_{max} 较小时,随着 K_{max} 的增大最大雪崩尺寸快速增大;而在 K_{max} 较大时,在杨氏模量减小的情况下,最大雪崩尺寸出现饱和,在杨氏模量增大的情况下则仅仅具有饱和的趋势。在 K_{max} 较大时,Δ_m 出现饱和趋势的原因是受到系统尺寸的限制,当雪崩尺寸和系统尺寸可以比拟时,雪崩尺寸随着 K_{max} 的增大不会继续增加。最大雪崩尺寸随 K_{max} 的变化说明,随着 K_{max} 的增大,雪崩变得越来越集中。

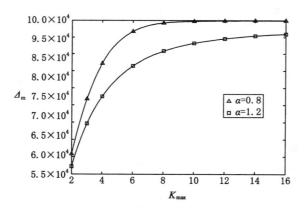

图 4-5 最大雪崩尺寸随 K_{max} 的变化

通过解析近似和数值模拟方法分别得到了断裂过程中的雪崩尺寸分布,如图 4-6 和图 4-7 所示。从图中可以看出,在各种 α 及 K_{max} 的取值情况下,雪崩尺寸分布均能很好地满足幂律关系,这和平均应力再分配下经典纤维束模型的结

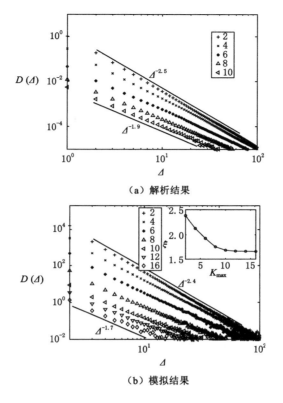

（a）解析结果

（b）模拟结果

图 4-6 $\alpha = 0.8$ 时纤维束的雪崩尺寸分布图

果是一致的。在图 4-6(a)中,解析结果显示,最上边对应 $K_{max} = 2$ 的数据具有幂指数 $\xi = 2.5$ 的幂律分布,而在 $K_{max} = 10$ 时,幂律指数 $\xi = 1.9$。在图 4-6(b)中,解析结果显示 $K_{max} = 2$ 和 $K_{max} = 16$ 时,幂律指数分别为 $\xi = 2.4$ 和 $\xi = 1.7$。在图 4-7 中,解析近似结果表明,对应 $K_{max} = 2$ 和 $K_{max} = 10$,幂律指数分别为 $\xi = 2.5$ 和 $\xi = 2.2$;而在模拟结果中,当 $K_{max} = 2$ 及 $K_{max} = 16$ 时,有 $\xi = 2.4$ 和 $\xi = 2.0$。图 4-6 和图 4-7 说明在微观统计性质上,解析近似结果和模拟结果能在定量层面上很好地吻合。在 K_{max} 从 2 开始增加的过程中,雪崩尺寸分布存在着一个明显的渡越行为,这一渡越行为表明,K_{max} 的大小能够显著影响模型的雪崩过程。当 $K_{max} = 2$ 时,不管是杨氏模量减小还是增加的情况下,雪崩尺寸的幂律分布指数都近似等于经典纤维束模型的结果,幂律指数的微小差异来自纤维断裂前的两次黏滑运动。图 4-6(b)和图 4-7(b)中的插图详细画出了模拟方法得到的幂律指数随 K_{max} 的变化。在 K_{max} 较小时,幂律指数随着 K_{max} 的增大迅速较小;

而在 K_{max} 较大时,则趋向于一个取决于杨氏模量变化的极限值。相比较而言,在杨氏模量减小的情况下,K_{max} 对雪崩尺寸分布的影响更加明显。从以上分析可以看出,在可变杨氏模量的黏滑纤维束模型中,由于杨氏模量的改变,雪崩尺寸分布不再呈现平均应力再分配下经典纤维束模型中的普适性。

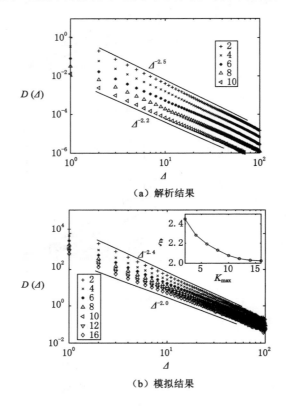

（a）解析结果

（b）模拟结果

图 4-7 $\alpha = 1.2$ 时纤维束的雪崩尺寸分布图

在准静态拉伸断裂过程中,宏观断裂出现前负载加载总步数反映了材料断裂的弛豫过程。负载加载步数 x 和 K_{max} 的关系如图 4-8 所示。当 K_{max} 较小时,在负载加载步数随 K_{max} 的增加比较明显;而当 $K_{max} > 6$ 时,在 $\alpha = 0.8$ 时负载加载步数趋于饱和值,在 $\alpha = 1.2$ 时负载加载步数仅仅具有饱和的趋势。在 $\alpha = 0.8$ 时,最大黏滑次数仅对负载加载步数产生非常有限的影响。随着 K_{max} 的增大,虽然微观上雪崩尺寸分布具有显著的渡越行为,但宏观性质如临界应力、负载加载步数等将很快达到饱和。

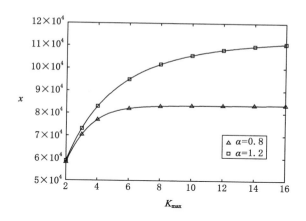

图 4-8　负载加载步数 x 随 $K_{\max}$ 的变化

4.4　杨氏模量变化系数对可变杨氏模量黏滑纤维束拉伸断裂过程的影响

　　通过以上的分析可以看出,最大黏滑次数对纤维束的宏观力学性质及断裂统计性质产生了显著影响。同时解析及模拟结果还显示,杨氏模量的变化对模型的拉伸断裂性质也产生了可观的影响。为进一步研究杨氏模量变化系数 α 对模型断裂性质的影响,本节将在 $K_{\max}$ 固定的情况下详细研究 α 对模型断裂性质的影响。为使模型中的黏滑动力学性质得到充分体现,在模拟研究中最大黏滑次数设定为 $K_{\max}=10$。

　　图 4-9 给出了在不同 α 取值下模拟得到的宏观本构曲线。在 $\alpha<1$ 时,本构关系呈现出局域的塑性状态,说明在拉伸过程的中间阶段系统能够呈现出塑性响应。同时,对应最终宏观断裂的最大应变随着 α 的增大快速增大。在 $\alpha>1$ 的情况下,没有明显的塑性状态。随着 α 的增大,应力-应变曲线中的最大峰值变得越来越明显。α 对应力-应变曲线的影响说明,黏滑过程中杨氏模量的减小引起了局域的塑性状态,而杨氏模量的增加则对应了模型的脆性断裂状态。α 对宏观本构关系的显著影响还可以用图 4-9 插图中临界应力随 α 的变化来表示。当 $\alpha<1.2$ 时,临界应力随着 α 的增加而近似线性增加,直到 $\alpha=1.2$ 时达到峰值。而当 $\alpha>1.2$ 时,临界应力则随着 α 的增加而减小。以上结果说明,过大幅度的杨氏模量变化将阻碍黏滑运动对纤维束强度的加强作用。

　　图 4-10 中的雪崩尺寸分布描述了 α 对断裂统计性质的影响。从图中可以

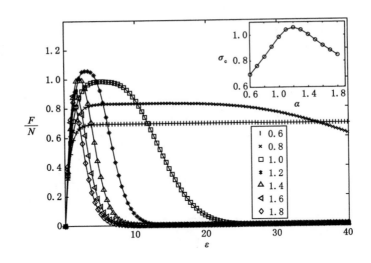

图 4-9　$K_{\max}=10$ 时,不同 α 取值时的本构曲线

（插图表示临界应力随 α 的变化）

直观地看出,纤维束的雪崩尺寸分布与经典纤维束模型满足相似的幂律分布。α 的影响主要体现在对雪崩尺寸幂律分布指数的影响。最下端的曲线对应 $\alpha=0.6$,满足幂指数 $\xi=1.5$ 的幂律分布。而在 α 取 1.8 时,幂律指数 $\xi=2.1$。图中插图给出了幂律指数随着 α 的变化。在 α 较小时,幂指数随着 α 的增加近似线性增大,而在 α 较大时,幂指数达到一个饱和值。以上结果说明,当 α 取值在 1 附近时,α 的变化对雪崩尺寸分布的影响比较明显,这说明杨氏模量的变化对纤维束微观断裂性质具有显著的影响。

图 4-11 给出了最大雪崩尺寸随 α 的变化,在该图中同时画出了断裂过程中的负载加载步数随 α 的变化。当 $\alpha<1$ 时,即杨氏模量在黏滑过程中减小的情况下,α 的取值对最大雪崩尺寸几乎没有影响。而在 α 较大时,最大雪崩尺寸随着 α 的增加而线性减小。最大雪崩尺寸随着 α 的变化表明,随着杨氏模量的增加,纤维束的空间关联强度逐渐下降。负载加载步数的变化可以反映断裂的过程。从图 4-11 可以看出,负载加载步数随着 α 的变化曲线是单峰的,在 $\alpha=1.2$ 附近负载加载步数出现最大值,说明此时黏滑纤维束具有最大的力学稳定性。

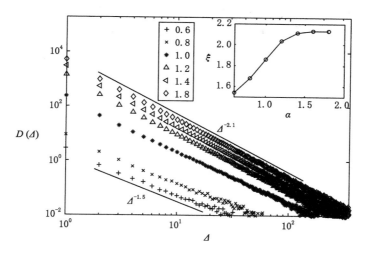

图 4-10 $K_{max}=10$ 时的雪崩尺寸分布图

（插图表示幂律指数随 α 的变化曲线）

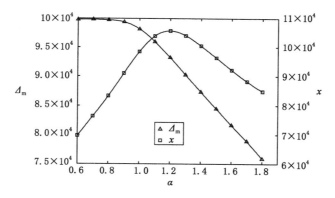

图 4-11 最大雪崩尺寸 (Δ_m) 和负载加载步数 x 随 α 的变化

4.5 分析与讨论

在本章为更好地描述大量生物纤维的断裂性质,构建了更加一般的具有黏滑动力学的纤维束模型。该模型在黏滑动动力学模型的基础上考虑了黏滑过程中杨氏模量的变化。因而,一根纤维的最大黏滑次数 K_{max} 和杨氏模量变化系数 α 成为这一模型的两个关键参量。在应力加载型拉伸条件下,考虑平均应力再分配,利用解析近似和数值模拟方法对模型进行了研究,给出了最大黏滑次数

K_{max} 和杨氏模量变化系数 α 对模型宏观力学性质和断裂统计性质的影响。

无论是解析结果还是模拟结果都显示,最大黏滑次数 K_{max} 对模型的宏观性质和微观机制均产生了显著影响。在杨氏模量减小的情况下,K_{max} 主要改变了应力-应变关系中最大应变的取值。在最大黏滑次数达到 10 次时,临界应力、最大雪崩尺寸和负载加载步数均达到了饱和值。而在杨氏模量增加的情况下,K_{max} 则主要影响了拉伸过程中的临界应力,在本书模拟过程中的 K_{max} 取值范围内,临界应力、最大雪崩尺寸和负载加载步数仅仅具有饱和的趋势。在微观断裂机制方面,黏滑动力学的出现并没有影响纤维束的雪崩尺寸继续满足幂律分布。不管是杨氏模量增加还是减小的情况下,雪崩尺寸分布的幂指数均随着 K_{max} 的增大而单调减小。临界应力、负载加载步数均随着 K_{max} 的增大而增大,说明随着黏滑次数的增大,系统的强度和稳定性均出现了显著提升。本章得到的解析结果和数值模拟结果在定量层面上吻合得很好,尚存在的差异主要来源于解析方法中的必要近似和蒙特卡罗数值积分引入的误差。

另一个对模型产生决定性影响的参数是杨氏模量变化系数。杨氏模量在黏滑过程中减小时,本构曲线出现明显的局域塑性状态,这使得纤维束在最终断裂前能够承担更大的应变。而当 $\alpha > 1.0$ 时,随着 α 的增加,系统表现出更加明显的脆性状态。纤维束的雪崩尺寸所具有的幂律分布并没有受到杨氏模量变化的影响,杨氏模量变化系数 α 仅仅影响了幂律分布的幂指数。随着杨氏模量变化系数的增加,最大雪崩尺寸逐渐下降,这说明空间关联强度相应地逐渐降低。负载加载步数随 α 的变化曲线是单峰的,在 $\alpha = 1.2$ 出现峰值说明此时模型具有最大的力学稳定性。

综上所述,本章引入的可变杨氏模量的黏滑纤维束模型具有更加广泛的应用范围,能够更好地描述大量生物纤维非单调的应力-应变关系[107,146]。这里的理论结果对深刻理解大量生物材料的断裂过程具有重要的意义。

第 5 章　多线性纤维束模型的雪崩断裂过程

最近,Rinaldi 等[147] 为使纤维束模型能够更好地描述大量复合材料,如生物蛋白微结构[148] 和易延展性材料[149] 的断裂性质,提出了双线性纤维束模型。该模型假设纤维束中单根纤维具有双线性的本构关系,双线性体现在每根纤维具有两个强度阈值。在应力达到第一个强度阈值时,纤维出现部分损伤,其杨氏模量产生一定比例的衰变。而当应力继续增大达到第二个强度阈值时,纤维出现最终的脆性断裂。应用该模型 Rinaldi 等逆向分析了蛋白微结构纤维和易延展的亚微米铜格栅。

已有的实验工作还发现有些微结构材料,如多晶硅微结构试样[150]、各向异性的导电薄膜[151]、单晶面心立方铝和铜[152] 以及纳米尺度的金和钼单晶[153] 等表现出各种平滑的非线性本构关系。这些平滑的本构关系远比双线性的本构关系复杂,难以用双线性纤维束模型来描述。为描述这些非线性的平滑本构关系,在本章构建多线性的纤维束模型。在多线性纤维束模型中,假设单根纤维在最终断裂前杨氏模量可以衰变 K_{max} 次。当 K_{max} 取值较大时,多线性的本构曲线趋于平滑,可以很好地描述各种平滑的非线性本构关系。在这一模型中,杨氏模量衰变系数和最大衰变次数成为两个关键参数。本章通过解析近似和数值模拟方法研究了多线性纤维束模型的宏观本构关系、临界应力、最大雪崩尺寸、雪崩尺寸分布和负载加载步数随杨氏模量衰变系数和最大衰变次数的变化。

5.1　多线性纤维束模型

与经典纤维束模型类似,多线性纤维束模型同样假设由 N 根初始杨氏模量 $E_f=1$ 的纤维平行排列组成。负载准静态地平行于纤维方向加载在纤维束的两端。在经典纤维束模型中,常假设纤维承担的应力达到一定阈值后出现脆性断裂。而对于多线性纤维,每根纤维的应变阈值记为 ε_i,其中 $i=1,2,\cdots,N$。当纤维的应变达到阈值后,纤维出现杨氏模量的衰变而非脆性断裂。假设每根纤

维的应变阈值符合 0 到 1 范围内的均匀分布,其累积概率分布函数可以表示为

$$P(\varepsilon) = \begin{cases} \varepsilon & 0 \leqslant \varepsilon \leqslant 1 \\ 1 & \varepsilon > 1 \end{cases} \qquad (5\text{-}1)$$

与概率密度函数 $p(\varepsilon)$ 的关系可以表示为

$$P(\varepsilon_i) = \int_0^{\varepsilon_i} p(x)\,\mathrm{d}x \qquad (5\text{-}2)$$

如图 5-1 所示,多线性纤维在发生最后脆性断裂前可经历 K_{max} 次杨氏模量的衰变。当 $K_{max} = 1$ 时,这一模型回到了双线性纤维束模型。为更好地描述物质的无序性,假设阈值 ε_i^j 满足退火无序,即同一根纤维的多次损伤阈值可以取在 0 和 1 之间符合均匀分布的随机数。当纤维上的拉伸应变超过阈值 ε_i^j 时,纤维的杨氏模量衰变为原来的 $\alpha(0 < \alpha < 1)$ 倍。在两次衰变拐点之间,纤维仍然可以看成线弹性的。一根纤维经历 K_{max} 次衰变后出现最终的脆性断裂。为便于与经典纤维束模型及各种扩展纤维束模型进行对比,纤维断裂后的应力再分配方式假设为平均应力再分配。在模拟中,负载准静态地加载,模型的尺寸取 $N = 100\,000$。为得到可靠的结果,模拟结果为至少 2 000 次断裂过程的系综平均。

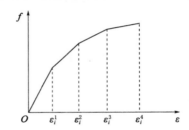

图 5-1　$K_{max} = 3$ 时多线性纤维的本构行为

5.2　多线性纤维束模型的解析分析

经典纤维束模型在平均应力再分配下可以用解析方法进行精确处理,多数平均应力再分配下的扩展纤维束模型可以用解析方法进行分析。多线性纤维束模型的算法相对更加复杂,仅可以应用类似的解析近似方法进行处理。对于经典纤维束模型,假设纤维的杨氏模量 $E = 1$,应力-应变关系可以表示为

$$f = F/N = x[1 - P(x)] \qquad (5\text{-}3)$$

而在多线性纤维束模型中,纤维在最终脆性断裂前可以发生 K_{max} 次衰变。在模型的应变为 ε 时,一根纤维在断裂前已经发生 k 次衰变的概率表示为 $P_k(\varepsilon)$,

$$P_k(\varepsilon) = \prod_{i=1}^{k} P\left(\frac{\varepsilon}{i}\right) \tag{5-4}$$

其中 $\left(\frac{\varepsilon}{i}\right)$ 表示每次杨氏模量的衰变所对应的平均应变,这是在退火无序下的统计近似结果。$P_k(\varepsilon)$ 的表达式是分析模型本构关系和断裂统计性质的关键。在 K_{max} 较小时,以上近似会在解析结果中引入一定的误差,而在 K_{max} 取值较大时,$P_k(\varepsilon)$ 的近似表达式具有很好的精度。

在模型中,如果 $K_{max}=1$,在系统完全断裂前能够承担应力的纤维可以分为两类:一类是发生过一次衰变的纤维,一类是原始的还没有发生衰变的纤维。此时应力-应变关系可以表示为以下形式

$$\frac{F}{N} = \varepsilon[1-P(\varepsilon)] + \left(\frac{\varepsilon}{2}(1+\alpha)\right) P(\varepsilon)\left(1-P\left(\frac{\varepsilon}{2}\right)\right) \tag{5-5}$$

一般情况下,纤维在最终断裂前可以衰变 K_{max} 次,将式进行推广可以得到模型的本构关系为

$$\frac{F}{N} = \varepsilon[1-P(\varepsilon)] + \sum_{i=1}^{K_{max}} \left[\left(\frac{\varepsilon}{i+1}\sum_{j=0}^{i}\alpha^j\right)\left(1-P\left(\frac{\varepsilon}{i+1}\right)\right)\prod_{j=1}^{i}P\left(\frac{\varepsilon}{j}\right)\right] \tag{5-6}$$

通过数值求解式可以得到模型的宏观本构关系。

在微观方面,雪崩尺寸分布是研究微观断裂机制的重要途径。对雪崩尺寸分布的分析可以参照 Hidalgo 等[100] 在分析连续损伤纤维束模型中使用的解析近似方法。对于平均应力再分配下的经典纤维束模型,Hemmer 和 Hansen 等[53,62]证明了在准静态应力加载过程中,雪崩尺寸 Δ 出现的概率密度 $D(\Delta)$ 可以由以下的积分式计算得到

$$D(\Delta) = \frac{\Delta^{\Delta-1}}{\Delta!}\int_0^{\varepsilon_m} p\left(\frac{\varepsilon}{K+1}\right)(1-a_\varepsilon)a_\varepsilon^{\Delta-1}e^{-\Delta a_\varepsilon}\,d\varepsilon \tag{5-7}$$

其中,ε 表示纤维束的当前应变,ε_m 表示纤维束最终整体断裂对应的最大应变值,a_ε 为系统的应变 ε 增加应变元 $d\varepsilon$ 时所引起的断裂纤维的平均比例。

一根已经衰变 K_{max} 次的纤维,在应变为 ε 时再发生最终断裂的概率密度可以表示为

$$p_{K_{max}}^{K_{max}+1}(\varepsilon) = \frac{d}{d\varepsilon}\prod_{i=1}^{K_{max}+1}P\left(\frac{\varepsilon}{i}\right) = \prod_{i=1}^{K_{max}+1}P\left(\frac{\varepsilon}{i}\right)\sum_{i=1}^{K_{max}+1}\frac{p\left(\frac{\varepsilon}{i}\right)\frac{1}{i}}{P\left(\frac{\varepsilon}{i}\right)} \tag{5-8}$$

一根纤维发生最终断裂后能够释放出来的负载为

$$\delta f = \frac{\varepsilon}{K+1}\sum_{i=1}^{K_{max}+1}\alpha^{i-1} \tag{5-9}$$

释放出的负载将在没有断裂的纤维中进行平均分配。负载再分配后能够在纤维束上产生的平均应变增加量可表示为

$$\delta\varepsilon = \frac{\delta f}{Y(\varepsilon)} = \frac{\varepsilon}{Y(\varepsilon)(K+1)}\sum_{i=1}^{K_{max}+1}\alpha^{i-1} \tag{5-10}$$

其中 $Y(\varepsilon)$ 表示纤维束应变为 ε 时的等效杨氏模量,可以由关系式 $f = Y(\varepsilon)\varepsilon$ 得到。因而在应变为 ε 时,一根纤维断裂释放的应力引起其他纤维断裂的总概率为

$$p_{tot}(\varepsilon) = p_{K_{max}}^{K_{max}+1}(\varepsilon)\delta\varepsilon = \prod_{i=1}^{K_{max}+1}P\left(\frac{\varepsilon}{i}\right)\sum_{i=1}^{K_{max}+1}\frac{p\left(\dfrac{\varepsilon}{i}\right)\dfrac{1}{i}}{P\left(\dfrac{\varepsilon}{i}\right)}\frac{\varepsilon}{Y(\varepsilon)(K+1)}\sum_{i=1}^{K_{max}+1}\alpha^{i-1}$$

$$\tag{5-11}$$

式(5-11)实际上是式(5-7)中 a_ε 的另一种表示形式。将式(5-11)代入式(5-7)中,通过数值计算即可得到不同雪崩尺寸 Δ 出现的概率密度 $D(\Delta)$,从而可以画出雪崩尺寸分布图。

5.3 最大衰变次数对多线性纤维束拉伸断裂过程的影响

在宏观上,模型的拉伸断裂性质可以通过本构曲线直观地反映出来。通过解析近似和数值模拟方法得到的多线性纤维束在不同 K_{max} 取值下的本构关系如图 5-2 所示。由于纤维束最终断裂所对应的最大应变和临界应力随 K_{max} 的变化幅度太大,为了能在一幅图中直观地展示 K_{max} 对纤维束本构行为的影响,应变和应力分别取相对应变和相对应力。图中 ε_{max} 和 σ_{max} 分别对应模型宏观断裂过程的最大应变和最大应力。在图 5-2(b)中,从对应不同 K_{max} 取值下的本构曲线可以看出,K_{max} 对模型本构关系产生了显著影响。当 $K_{max}=1$ 时,本构曲线出现明显的局域塑性状态,这说明较弱的纤维开始出现断裂。随着 K_{max} 的增大,本构曲线中的塑性状态逐渐消失。当系统的应变达到了临界应力对应的应变临界值后,系统迅速发生宏观断裂。同时,由于蒙特卡罗模拟过程中的随机涨落,多次模拟得到的最终断裂对应的最大应变量出现较大的随机性,因而对于系综平均后的本构曲线来说,在超过临界应变后出现了拖尾现象。图 5-2(a)中是通过解析近似方法得到的模型的本构曲线,在解析近似结果中,当 $K_{max}=1$ 时本构曲线中局域塑性状态并不明显。直观上,解析近似结果和数值模拟结果在本构关系上差别比较明显,而实际上这一差异相对较小,直观的差异主要来自模拟结果中由于随机涨落造成的本构曲线在较大应变处的拖尾现象。总之,对应于模型最终断裂的最大应变受 K_{max} 的影响比较明显。

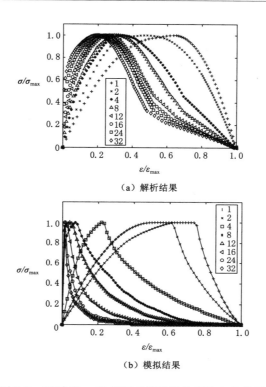

（a）解析结果

（b）模拟结果

图 5-2   不同 K_{max} 取值下多线性纤维束的本构关系

图 5-3 给出了多线性纤维束的临界应力随 K_{max} 的变化。解析近似和模拟结果均显示，临界应力随着 K_{max} 的增大而单调增大。在 K_{max} 取值较小时，临界应力和 K_{max} 之间近似满足线性关系；而当 K_{max} 较大时，临界应力则趋于不依赖于 K_{max} 的饱和值。对单根纤维，当 K_{max} 增大时，纤维的本构曲线从多线性的折线逐渐变成光滑曲线。因而在 K_{max} 较大时，不同 K_{max} 取值下纤维在本构行为上微小的差异对临界应力产生的影响可以忽略不计，临界应力达到了一个饱和值。解析近似结果和模拟结果之间微小的差异主要来源于解析方法中必须的近似处理和数值模拟中的随机涨落。

在雪崩过程中，微观的弛豫过程可以用雪崩事件的集中程度来反映，最大雪崩尺寸可以定量表示雪崩事件的集中程度。图 5-4 表示了通过模拟得到的最大雪崩尺寸（Δ_m）随着 K_{max} 的变化曲线。从图中可以直观地看出，最大雪崩尺寸随着 K_{max} 的增大而单调增大。在 K_{max} 取值较小时，最大雪崩尺寸随着 K_{max} 的增加而快速增大。而当 K_{max} 取值较大时，最大雪崩尺寸开始缓慢增加并出现趋于饱和。从图 5-2 中的本构曲线可以看出，随着 K_{max} 的增加，雪崩变得越来越集中，雪崩尺

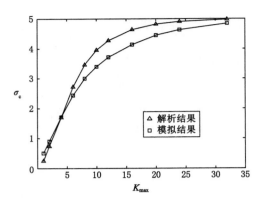

图 5-3　临界应力随 K_{max} 的变化

寸相应增大。在 K_{max} 取值较大时,雪崩尺寸随着 K_{max} 的增大不再增加。此时最大雪崩尺寸已经与系统的尺寸相当,最大雪崩尺寸达到了一个饱和值。

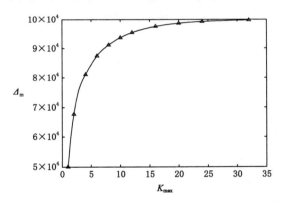

图 5-4　最大雪崩尺寸(Δ_m)随 K_{max} 的变化

　　通过解析方法和数值模拟得到的多线性纤维束的雪崩尺寸分布如图 5-5 所示。从图中可以看出,在各种 K_{max} 取值下系统的雪崩尺寸分布均能和经典纤维束模型那样很好地符合幂律分布。在图 5-5(a)中,解析结果显示,最上端的曲线对应 $K_{max}=1$,其幂律分布的幂指数为 $\xi=2.8$;而在 K_{max} 取值较大时,幂指数$\xi=2.6$。在图 5-5(b)中,模拟结果显示,在 K_{max} 取 1 和 32 时,雪崩尺寸分布对应的幂指数分别为 $\xi=2.6$ 和 $\xi=2.5$。从图中可以看出,解析结果和模拟结果中 K_{max} 对雪崩尺寸分布的影响趋势是一致的。相比较而言,模拟结果中雪崩尺寸幂律分布指数更加接近于经典纤维束模型在平均应力再分配下的普适类,这也说明纤维在脆性断裂前,弹性模量的多次衰变并没有对模型的雪崩尺寸分布产生影响。在解析结果中相对较大的差异则可能来源于解析处理中必要的近似。

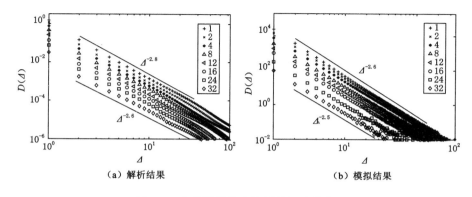

（a）解析结果　　　　　　　　　（b）模拟结果

图 5-5　多线性纤维束的雪崩尺寸分布

　　在宏观尺度上,材料断裂的弛豫过程可以用最终断裂前准静态负载加载的步数来描述。在多线性纤维束模型中,外加负载每次准静态地加载会使得最弱的一根未断纤维出现弹性模量的衰变或发生脆性断裂。定义模型在最终宏观断裂前负载准静态加载的次数为负载加载步数 x。图 5-6 给出了模拟方法得到的负载加载步数随 K_{max} 的变化。结果显示,负载加载步数 x 随 K_{max} 的增大而线性增加,其背后的原因是单根纤维在发生最后断裂前所经历的 K_{max} 次杨氏模量的衰变。这里的线性关系还说明,K_{max} 的大小仅仅对微观断裂过程产生了非常细微的影响,这一点也反映在雪崩尺寸分布中。

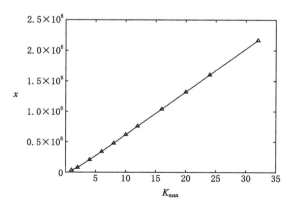

图 5-6　负载加载步数随 K_{max} 的变化

5.4 杨氏模量衰变系数对多线性纤维束拉伸断裂过程的 影响

从以上讨论可以看出,杨氏模量最大衰变次数 K_{max} 对纤维束的断裂过程,尤其是宏观断裂性质产生了显著的影响。在以下部分,将通过解析近似和数值模拟方法来分析杨氏模量衰变系数 α 对纤维束宏观和微观断裂性质的影响。为了确保纤维的多线性特点能够得到充分的体现,在以下对不同 α 取值的分析中均设定 $K_{max}=8$。

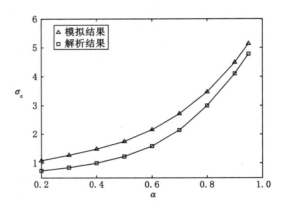

图 5-7   临界应力随 α 的变化

在宏观断裂性质方面,不管是解析近似结果还是模拟结果均显示,α 的取值对纤维束本构曲线的形状没有产生明显影响。然而 α 的取值却对系统断裂中的最大应力产生了显著影响,图 5-7 给出了通过解析和模拟方法分别得到的临界应力随 α 的变化。结果显示,临界应力随着 α 的增大而单调增加,说明宏观上系统的负载能力随着 α 的增大而增强了。在 α 取值较大或接近于 1 时,纤维每次衰变时杨氏模量的变化较小,此时的多次衰变相当于增大了纤维的最终断裂阈值,因而纤维束的负载能力显著提高了。在临界应力和 α 的关系方面,模拟结果和解析近似结果能很好地吻合,两种结果的差异仅存在于临界应力的具体取值上。

α 对系统微观断裂机制的影响可以用图 5-8 中的雪崩尺寸分布来说明,图中(a)图为解析近似结果,(b)图为模拟结果。从图中看出,不管是解析结果还是模拟结果中的雪崩尺寸分布都能很好地符合幂律分布,这和其他经典纤维束模型是相似的。在解析结果中,α 的大小主要影响了雪崩尺寸幂律分布的幂律指数大小。当 α 在 0.2 和 0.9 之间变化时,幂律指数从 2.7 缓慢增加到 2.8。而在模拟结果中,雪崩尺寸分布的幂指数则始终为 2.5,这和经典纤维束模型雪崩尺寸分布所遵从的普适律是一致的。以上结果说明,纤维的多线性衰变对模型微观断裂机制没有产生实质性影响。

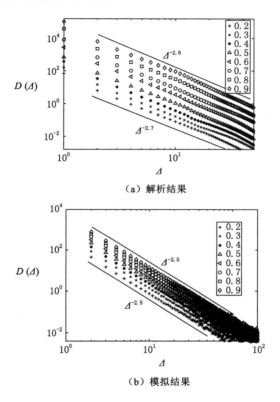

（a）解析结果

（b）模拟结果

图 5-8　不同 α 取值时系统的雪崩尺寸分布

　　雪崩过程的最大雪崩尺寸随 α 的变化如图 5-9 所示,在该图中同时给出了负载加载步数随 α 的变化。当 α 从 0.2 变化到 0.95 的过程中,最大雪崩尺寸 Δ_m 单调地减小。在 α 取值为 0.2 附近时,纤维出现一次衰变后杨氏模量的减小非常明显,在经历几次衰变后纤维的本构行为已经非常接近于塑性状态。此时纤维间应变阈值的随机涨落产生的影响可以忽略不计,纤维强度的趋同使得雪崩过程变得集中,因此最大雪崩尺寸在 $\alpha=0.2$ 时具有最大值。与此同时,负载加载步数随着 α 的增加而单调增加。在 α 接近于 1 时,纤维的本构行为整体上和经典的脆性纤维相近,不同点是,此时纤维脆性断裂发生在多次杨氏模量的微小衰变之后,负载加载步数显著增加,而相应地最大雪崩尺寸则达到了最小值。

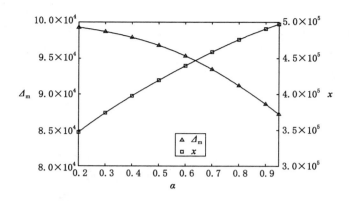

图 5-9　最大雪崩尺寸（Δ_{m}）和负载加载步数（x）随 α 的变化

5.5　分析与讨论

本章将双线性纤维束模型扩展到了多线性纤维束模型,考虑了纤维在最终脆性断裂前经历若干次杨氏模量的衰变。因而,多线性纤维束模型的主要参数是杨氏模量的衰变次数 $K_{\max}$ 和杨氏模量的衰变比例 α。在准静态应力控制型拉伸条件下,通过解析近似和数值模拟两种方法对该模型的宏观断裂性质和微观断裂机制进行了分析,并对两种方法得到的结果进行了比较。

在该模型中,纤维最大衰变次数 $K_{\max}$ 对宏观断裂性质产生了显著影响,相对而言对断裂统计性质的影响则较小。模型的本构行为说明该模型可以描述多种微结构的拉伸性质。在 $K_{\max}$ 取值较小时,杨氏模量衰变次数可以对临界应力和最大雪崩尺寸产生显著影响。而在 $K_{\max}$ 较大时,杨氏模量的衰变次数仅仅对单根纤维的拉伸断裂性质产生了细微的影响,因此临界应力和最大雪崩尺寸均出现了饱和的趋势。在断裂统计性质上,多线性纤维束的雪崩尺寸分布呈现和经典纤维束在平均应力再分配下类似的幂律分布。幂指数的微小差异可能来自解析近似处理过程中所做的近似和数值模拟中的涨落。$K_{\max}$ 对系统雪崩尺寸分布的幂律指数几乎无影响,说明多线性纤维束的断裂统计性质与 $K_{\max}$ 之间没有明确的关系。负载加载步数与 $K_{\max}$ 之间近似具有线性关系,这也说明了 $K_{\max}$ 对微观断裂机制没有产生可观的影响。当然在 $K_{\max}=0$ 时,模型的各方面性质都能回归到经典纤维束模型。

多线性纤维束的另一个主要的参数是杨氏模量衰变系数 α。随着 α 的增大,临界应力单调地增加,而宏观本构行为特别是本构曲线的形状与 α 的取值无关。在断裂统计性质方面,α 的取值仅仅对雪崩尺寸分布产生了细微的影响。不管是宏观力学性质还是断裂统计性质,例如临界应力、最大雪崩尺寸、雪崩尺寸分布和负载加载步数,解析结果和数值模拟结果都能很好地吻合,仅仅存在具体数值上的微小差异。

总而言之,通过改变两个主要参数 K_{max} 和 α,多线性纤维束模型相比双线性纤维束模型能够描述更加广泛的拉伸断裂过程。在 K_{max} 取值较大时,纤维的本构曲线趋于平滑,此时该模型可以很好地描述一些具有平滑非线性本构行为的微结构材料[150-153]。本章的结果除具有一定的理论意义外,对认识、利用和改进微结构材料也具有一定的理论指导意义。

第6章 最近邻应力再分配下纤维束模型
雪崩断裂过程的渡越行为

为研究材料断裂过程中在固定点附近的动力学临界行为,Pradhan 等[58]引入了具有最低截断的纤维束模型,这一模型中假设纤维的断裂阈值具有最低截断值。在接下来的一系列文章中[56,72,79-80],不但研究了平均应力再分配和最近邻应力再分配下具有最低截断的纤维束模型的渡越行为,如雪崩尺寸分布和负载加载步数的渡越行为,而且研究了介于平均应力再分配和最近邻应力再分配之间的一般区域应力再分配形式。另外,Pradhan 等[81,154]还研究了平均应力再分配下模型的能量释放,并通过最小损坏率预测了超负载材料的断裂点。最近,在以上对具有最低截断的纤维束模型的研究基础上,Pradhan[82]给出了模型在宏观断裂点附近的渡越行为和临界现象,从而在不同的应力再分配下构建了能够预测模型宏观断裂点的方法。

相比平均应力再分配,最近邻应力再分配方式更能够描述无序材料在断裂裂纹前沿的应力集中效应,因此,研究最近邻应力再分配下纤维束模型的断裂演化规律具有重要的意义。虽然具有最低截断的纤维束模型在研究平均应力再分配下纤维束模型渡越行为中取得了理想的结果,但是用来研究最近邻应力再分配下模型断裂过程的渡越行为却并不合适。因为在平均应力再分配下,模型前半段的拉伸过程可以用阈值截断进行模拟。但在最近邻应力再分配下,由于前期的断裂会产生显著的损伤局域化和应力集中效应,使得前半段的断裂产生了应力和损伤的局域化,仅使用阈值截断不能真实地模拟这一过程。因此需要构建新的算法来研究最近邻应力再分配下宏观断裂点附近的渡越行为。

6.1 雪崩断裂过程渡越行为的分段研究方法

为研究最近邻应力再分配下纤维束模型在拉伸断裂过程中的渡越行为,将纤维束模型的拉伸断裂过程根据应变平分成若干段,在每一段单独统计相应的断裂性质参量。例如在每一个分段中记录最大雪崩尺寸、平均能量释放等参量并取平均值,然后,分析模型在拉伸过程中的断裂演化过程和宏观断裂点附近的渡越行为,为理论上预测宏观断裂提供可行的方法。

本章使用最近邻应力再分配下的纤维束模型。纤维束的根数设定为 N,每根纤维具有固定的杨氏模量 $E_f = 1$ 和随机分布的断裂阈值 $\sigma_i, i = 1, 2, \cdots, N$。纤维的断裂阈值符合概率分布密度 p,和累积概率分布函数

$$P(\sigma_i) = \int_0^{\sigma_i} p(x)\mathrm{d}x \tag{6-1}$$

在模拟过程中,使用两种阈值分布形式,一种是在 0 和 1 之间的均匀分布,另一种为 Weibull 分布,其累积概率分布函数如下:

$$P(\sigma) = 1 - \exp[-(\sigma/\lambda)^m] \tag{6-2}$$

其中 $m = 2, \lambda = 1$。假设纤维在达到断裂阈值前具有线弹性的拉伸性质,达到断裂阈值后发生脆性断裂,在模拟中通过平行于纤维方向的负载向两端拉伸。纤维束的拉伸方式采用准静态拉伸方式,也就是每次负载加载仅仅使得最弱的纤维发生断裂。断裂纤维释放的应力仅仅在最近邻的两根未断裂纤维中平均分配。为了分析断裂过程中的断裂演化和渡越行为,整个拉伸过程按照应变平均分为 10 或者 15 个分段。在每一个分段中,单独计算模型的断裂性质,例如能量释放、雪崩尺寸等,然后分析各分段中的断裂性质的平均值随着拉伸过程的演化过程。为了得到可靠的模拟结果,我们定义纤维的根数为 $N = 1\ 000\ 000$,以下分析的是至少 15 000 次模拟结果的系综平均。

6.2　最近邻应力再分配下纤维束模型断裂过程的渡越行为

在准静态负载加载过程中,纤维束经历了一个加速断裂过程。为了定量地描述这一加速断裂过程,按照应变将整个拉伸过程平分为 15 段,在每一分段中单独统计纤维的断裂根数,则纤维断裂根数在拉伸过程中的变化如图 6-1 所示。为更好地展示这一关系,坐标系选取半对数坐标系。不管阈值分布是在均匀分布还是 Weibull 分布情况下,纤维断裂根数在接近最终宏观断裂点时均出现比二阶函数更快的急剧增加。在阈值分布为均匀分布时,在系统远离最终宏观断裂点时断裂纤维断裂根数随着应变缓慢增加;而在 Weibull 分布情况下,在拉伸的最初阶段,断裂纤维数随着拉伸急剧增加。参考文献[82]中给出的拟合方法,均匀分布的变化关系以及 Weibull 分布时最后阶段的变化关系可以用下式来描述:

$$\log N_f \sim (\varepsilon_0 - \varepsilon)^\gamma \tag{6-3}$$

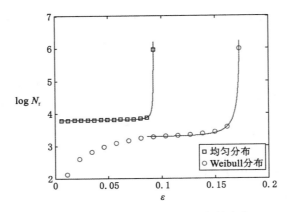

图 6-1 纤维断裂根数 N_r 随应变的变化

通过最小二乘法拟合,在均匀分布时,$\varepsilon_0=0.092,\gamma=-1.40$。而在 Weibull 分布时,在拉伸断裂的后半段,$\varepsilon_0=0.173,\gamma=-1.72$。在均匀分布下,拉伸过程中,断裂纤维的个数随着应变仅有微小的增加,说明了阈值分布的均匀性质,也就是说阈值分布函数是一个常数。相应地,在 Weibull 分布下,随着拉伸的进行,断裂纤维数的增加反映了 Weibull 分布下阈值分布函数的线性增加,而接下来的增加则是最近邻应力再分配的结果。和平均应力再分配下情况类似,在宏观断裂点附近,纤维断裂根数随着拉伸应变出现了巨变,说明在宏观断裂点附近出现了由部分断裂到完全断裂状态的相变。

在雪崩过程中,系统从最初断裂阶段到最终宏观断裂的渡越行为可以用雪崩事件的集中度变化来描述。如图 6-2 和 6-3 所示,可以用最大雪崩尺寸和平均雪崩尺寸随拉伸应变的变化来定量表示雪崩的集中度变化。在图中,方框表示阈值为均匀分布时的结果,小圆圈表示阈值为 Weibull 分布时的结果。不管是最大雪崩尺寸还是平均雪崩尺寸随着拉伸的进行都单调增加,除了拉伸的初始阶段,该变化关系可以用二项式进行很好地拟合。对于最大雪崩尺寸,在均匀阈值分布下可以用式 $511.02\varepsilon^2+10.42\varepsilon+2.71$ 进行拟合,在 Weibull 阈值分布下,可以用 $321.84\varepsilon^2-30.71\varepsilon+2.82$ 来拟合。同时对于平均应力再分配,在均匀分布和 Weibull 分布下可以分别用 $5.98\varepsilon^2+0.83\varepsilon+1.00$ 和 $4.17\varepsilon^2-0.27\varepsilon+1.01$ 进行拟合。相比较而言,在相应的拉伸应变下,最大雪崩尺寸要远大于平均雪崩尺寸,这是因为出现最大雪崩尺寸的概率比出现大量小尺寸雪崩的概率小得多。同时,最大雪崩尺寸和平均雪崩尺寸随应变的变化差别较大说明了随着拉伸的进行,雪崩尺寸分布有明显的变化。需要指出的是,在图 6-2 和 6-3 中雪崩尺寸没有包括最后一次雪崩,因为最后一次雪崩的尺寸特别大,和系统的尺寸近似。

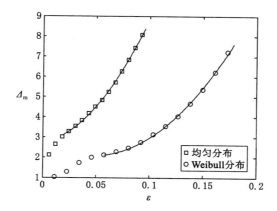

图 6-2　最大雪崩尺寸随应变的变化

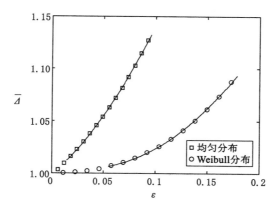

图 6-3　平均雪崩尺寸随应变的变化

在阈值均匀分布和 Weibull 分布两种情况下,雪崩尺寸分布随着拉伸过程的渡越行为如图 6-4 所示。根据应变把拉伸断裂过程平分成 10 个分段,在每一分段中,雪崩尺寸分布单独进行计算,每个分段的雪崩尺寸分布如图 6-4 所示。例如图例中 0.6 表示了在 60%最大应变和 70%最大应变之间的雪崩尺寸统计分布。从图中可以清楚地看出,不管是在均匀分布还是在 Weibull 分布下,雪崩尺寸在每一分段的分布均可以用平均应力再分配下整体雪崩尺寸所满足的幂率分布来进行描述:

$$D(\Delta) \sim \Delta^{-\xi} \qquad (6\text{-}4)$$

不同之处在于幂率分布指数。在图 6-4(a)中,最下面一条分布曲线对应拉

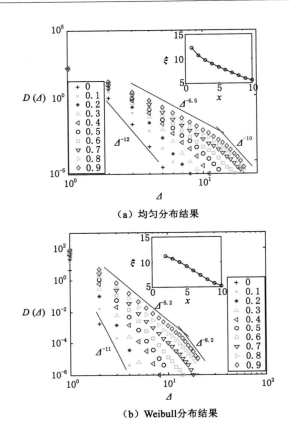

（a）均匀分布结果

（b）Weibull分布结果

图 6-4　不同拉伸状态下的雪崩尺寸分布
（均匀分布结果，直线表示幂指数为－12，－5.5 和－10 的幂率分布，
插图是幂率指数在拉伸过程中的变化；
直线表示幂指数为－11，－5.2 和－8.2 的幂率分布，
插图是幂率指数在拉伸过程中的变化）

伸初始阶段的雪崩尺寸分布，其幂指数为 $\xi = -12$。随着拉伸的进行，雪崩过程的演化过程可以用插图中的雪崩尺寸随幂率分布指数的变化来表示，各分段中雪崩尺寸分布的幂指数以凹曲线的形式单调地减小。在最后拉伸分段雪崩尺寸分布出现了由整体幂律指数－5.5 到较大尺寸雪崩对应的幂率指数－10 的渡越行为。同时，在图 6-4（b）中，对于在 Weibull 分布，在第二分段雪崩尺寸的幂率分布指数为 $\xi = -11$。相应地在插图中展示了幂率分布指数随着拉伸的单调递减关系。在最后拉伸阶段同样出现了幂率分布指数由整体分布的－5.2 到较大尺寸雪崩对应幂指数－8.2 的渡越行为。不管是在均匀分布还是在 Weibull 分

布下,幂率分布指数随拉伸过程的单调下降说明了随着拉伸的进行,大尺寸雪崩更加集中。和平均应力再分配下情况类似,最近邻应力再分配下雪崩尺寸分布的渡越行为同样可以作为预测最终宏观断裂的信号。这里得到的雪崩尺寸分布相比以往已有的结果均偏大,其原因是这里是分段进行的统计,而在以往的普适结果,如 5/2 或 9/2 均是对整个断裂过程进行的统计。

拉伸断裂实验中,能量释放强度可以通过声发射实验来进行定量测量。理论上断裂过程中的弹性能量的释放强度反映了断裂雪崩的剧烈程度,在纤维束模型中,断裂释放的弹性能量可以通过下式计算

$$E = \frac{1}{2} k \varepsilon^2 \tag{6-5}$$

其中 $k=1$。拉伸过程按照应变大小平分为 15 段。在每一段分别计算能量释放的平均值,得到能量释放随拉伸的关系如图 6-5 所示。在双对数坐标图中呈直线型关系,说明能量释放和拉伸应变之间满足:

$$\overline{E} \sim \varepsilon^\kappa \tag{6-6}$$

其中 $\kappa = 1.5$。图中,阈值分布为均匀分布和 Weibull 分布下幂指数均相等,说明断裂阈值分布几乎没有对以上幂率分布指数产生影响。

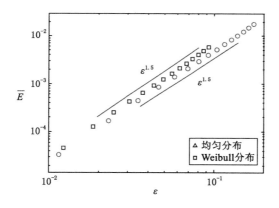

图 6-5　每一分段中的平均能量释放随着应变的变化

将拉伸过程按照应变的大小平分为 15 个分段,在每一个分段中单独计算准静态负载加载的步数。图 6-6 所示为各分段负载加载步数在拉伸过程中的变化,即模型的弛豫过程随着拉伸的变化。在均匀分布下,随着拉伸应变的增加,各分段中的负载加载步数保持不变,说明均匀分布的断裂阈值的分布确实是均匀的。而在 Weibull 分布下,各分段负载加载步数随着拉伸近似线性增加,说明 Weibull 分布下概率分布密度随变量的增加而增加。而最近邻应力再分配对负

载加载步数随拉伸过程的演化关系仅产生了细微的影响。

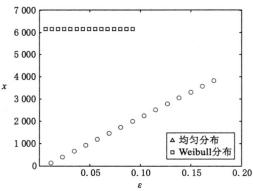

图 6-6　负载加载步数随拉伸过程的变化

6.3　分析与讨论

通过数值模拟得到了纤维断裂根数、最大雪崩尺寸和平均雪崩尺寸随着拉伸过程的变化关系,同时对各演化关系拟合出了相应的函数关系。纤维断裂根数随着拉伸过程在宏观断裂点附近的巨变说明在宏观断裂点附近存在着一个由部分断裂到最终宏观断裂的相变。最大雪崩尺寸和平均雪崩尺寸随着拉伸的变化关系可以拟合成一个二项式的形式。在各分段内的雪崩尺寸分布依然能够很好地满足幂率分布,随着拉伸的进行,各分段内雪崩尺寸分布的幂率分布指数逐渐减小,说明雪崩越来越集中。当系统接近于宏观断裂点时,也就是在最后的拉伸分段内,雪崩尺寸分布存在着一个渡越行为。在本模型中,能量释放的数据是非常混乱的,没有发现类似于平均应力再分配下的简单的分布形式。

总之,模型中各断裂参量随着拉伸的演化关系反映了实际无序材料在拉伸断裂过程中的性质。和平均应力再分配下类似,雪崩尺寸分布在最终断裂点附近的渡越行为为在理论上预测材料的宏观断裂提供了可能的途径。本部分对最近邻应力再分配下纤维束模型断裂渡越行为的研究,是对平均应力再分配下一系列研究的有益补充,可以反映实际材料在拉伸断裂过程中裂纹前沿的应力集中效应。当然,要想建立对某类特殊材料宏观断裂的理论预测方法,未来还需要进行更多基于各种不同断裂性质的扩展纤维束模型的研究。

第 7 章　脆性-塑性混合纤维束模型的雪崩断裂过程

　　经典纤维束模型假设其中的每一根纤维都是理想的脆性纤维,能够很好地描述材料的脆性断裂。而实际材料在拉伸过程中可能表现出来脆性、塑性、半脆性等各种拉伸断裂性质。后来为了更好地描述材料的塑性断裂,Raischel 等[109]构建了塑性纤维束模型,通过模拟发现,塑性纤维最终的负载能力对整个纤维束的强度具有决定性的影响。而 Bosia 等[107]则在此基础上构建了分级纤维束模型,也就是纤维中包含一定比例的脆性和塑性纤维,用此模型来模拟一些生物材料如蜘蛛丝的非脆性断裂过程。在平均应力再分配下对模型进行了数值模拟研究,并和实验数据进行了比较。发现塑性纤维的加入对原来的脆性纤维束模型的断裂性质产生了显著影响。相比平均应力再分配而言,最近邻应力再分配更能模拟实际非均质材料断裂时,在裂纹前沿出现的损伤局域化和应力集中效应,这将引起更显著的脆性断裂性质。由于最近邻应力再分配会引入局域的空间关联效应,本章对脆性-塑性混合纤维束模型只能采用数值模拟方法来进行分析。

7.1　脆性-塑性混合纤维束模型

　　混合纤维束中的脆性纤维为一般的脆性纤维,而塑性纤维的拉伸断裂性质如图 7-1 所示。假设塑性纤维的应变从 0 到 ε_0 之间符合线弹性的拉伸性质,应变处于 ε_0 到 $\varepsilon_0 + \varepsilon_p$ 之间具有理想的塑性本构行为。而当应变大于 $\varepsilon_0 + \varepsilon_p$ 后,纤维出现最终的脆性断裂。因此,比例 $\kappa = \varepsilon_p / \varepsilon_0$ 作为模型的一个参数可以表示理想塑性纤维的塑性强度。在模型中假设纤维根数为 N,平行排列,比例为 α 的纤维满足以上的塑性拉伸性质,其余比例为 $1 - \alpha$ 的纤维为经典的脆性纤维。实际模拟中,塑性纤维的比例 α 在 0.1 到 1.0 之间变化。经典脆性纤维的断裂阈值符合 0 到 1 之间的均匀分布或 Weibull 分布,其累积概率分布函数为

$$P(\sigma) = 1 - \exp[-(\sigma / \lambda)^m] \tag{7-1}$$

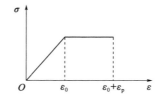

图 7-1　塑性纤维的本构行为

其中，$m=2$，$\lambda=1$。因此，理论上模型的影响因素有塑性纤维的比例 α 和塑性纤维的塑性强度 κ。

在模拟中，负载加载方式为准静态加载，即每次负载仅加载到使得最弱的一根未断裂纤维出现断裂。应力再分配方式为最近邻应力再分配，即断裂纤维释放的应力在最近的两条未断裂纤维中平均分配。为了得到可靠的结果，模型的尺寸选择为 $N=100\ 000$，以下分析的结果是至少 $5\ 000$ 次模拟结果的系综平均。

7.2　塑性纤维比例对脆性-塑性混合纤维束拉伸断裂过程的影响

拉伸断裂过程中的力学性质可以用图 7-2 所示的本构行为直观地描述。其中(a)对应阈值分布为均匀分布时模型的本构关系，而(b)则对应 Weibull 分布下的结果。在拉伸的初始阶段，不管阈值是均匀分布还是 Weibull 分布，不同比例 α 下的本构曲线都能很好地吻合在一起，此时塑性纤维尚处于线弹性拉伸阶段，因此与普通的脆性纤维束在宏观拉伸力学性质上没有显示出区别。在 $\alpha=0.1$ 时，本构曲线和经典纤维束模型的本构曲线相似。随着 α 的增大，宏观断裂所对应的临界应力和最大应变都随之单调增加。同时，系统达到临界点后的弛豫过程随之变长，这是因为此时系统受到了更多的塑性纤维的影响。从另一方面，纤维束模型中断裂阈值的分布仅仅对临界应力和最大应变的具体数值产生了影响，而对本构曲线的形状没有产生明显的影响。

图 7-3 是临界应力随着比例 α 的变化，临界应力随着 α 的增加急剧增加，说明增加塑性纤维的比例能够显著提高纤维状材料的拉伸强度。在双对数坐标系中，临界应力和比例 α 之间的关系表现出线性形状，说明临界应力和比例 α 之间应满足以下幂率关系式

$$\sigma_c \sim \alpha^{\gamma} \tag{7-2}$$

其中幂指数 $\gamma=0.36$，和断裂阈值分布没有关系。这也说明，塑性纤维对模型拉

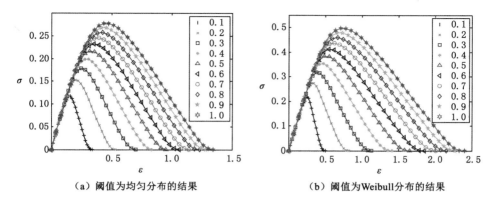

（a）阈值为均匀分布的结果　　　　　　　（b）阈值为Weibull分布的结果

图 7-2　不同 α 下模型的本构行为

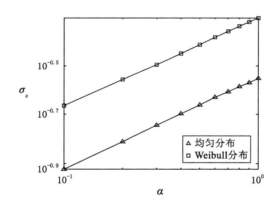

图 7-3　临界应力随比例系数 α 的变化

伸性能的强化作用没有受到断裂阈值分布的影响。

最大雪崩尺寸 Δ_m 和负载加载步数（x）随着比例 α 的变化如图 7-4 所示。从图中可以清晰地看出,纤维的断裂阈值分布对最大雪崩尺寸与比例 α 的关系以及最大雪崩尺寸的数值都没有产生显著影响。在 α 取值较小时,也就是塑性纤维含量较小时,最大雪崩尺寸与比例 α 之间近似满足幂率关系。而当塑性纤维占据主要比例时,最大雪崩尺寸趋于一个饱和值。在双对数坐标系中,负载加载步数和比例 α 之间表现出的直线型曲线表明负载加载步数和比例 α 之间满足幂率关系,而断裂阈值分布仅仅影响了幂率分布指数。

不同比例 α 下模型的雪崩尺寸分布如图 7-5 所示,其中（a）为均匀分布下的结果,（b）为 Weibull 分布下的结果。为了清晰地展示各 α 取值下的结果,图

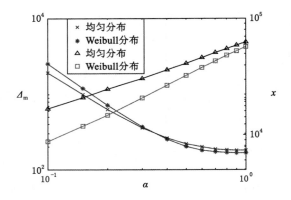

图 7-4　最大雪崩尺寸 Δ_m 和负载加载步数 x 随着比例 α 的变化

中数据沿着纵坐标进行了平移。和其他的最近邻应力再分配下纤维束模型类似,整体上雪崩尺寸分布并不满足幂率分布。当比例 $\alpha=0.1$ 时,较小尺寸的雪崩局部满足幂率分布,在阈值为均匀分布时,幂指数为 -4.3,而在 Weibull 分布时,幂指数为 -3.9。对比图 7-5(a) 和图 7-5(b) 可以看出,断裂阈值的分布几乎没有对雪崩尺寸分布的规律产生影响。图 7-5 中雪崩尺寸分布和最近邻应力再分配下经典纤维束模型雪崩尺寸分布的细微区别反映了 α 对塑性纤维的影响。当比例 α 大于 0.4 时,继续增加塑性纤维的比例对模型的雪崩尺寸分布仅仅产生微小的影响。

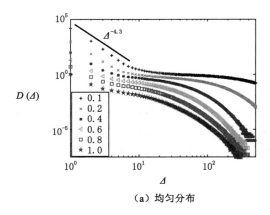

（a）均匀分布

图 7-5　不同比例 α 下模型的雪崩尺寸分布

（（a）直线表示幂指数为 -4.3 的幂率分布；（b）直线表示幂指数为 -3.9 的幂率分布）

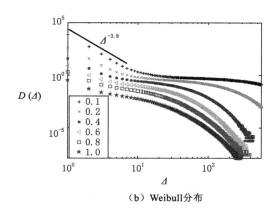

（b）Weibull分布

图 7-5（续）

7.3 塑性强度对脆性-塑性混合纤维束拉伸断裂过程的影响

在以上的分析中,模型在拉伸断裂过程中表现出来的塑性主要是因为加入了部分塑性纤维,另一方面,单根塑性纤维的塑性强度也是一个重要因素。在以下的分析中,假定模型中塑性纤维的比例固定为 $\alpha=0.5$,单根塑性纤维的塑性强度用 $\kappa=\varepsilon_p/\varepsilon_0$ 表示,其中 ε_0 和 ε_p 的定义见图 7-1 所示。在接下来的分析中,κ 的变化范围从 0.2 到 2.4,分析拉伸断裂的各项性质随着 κ 的变化。

从以上对比例 α 的分析中可以看出,纤维的断裂阈值分布仅仅对模型的本构行为及断裂统计性质产生了细微的影响,因此,在接下来的分析中,主要考虑阈值分布为均匀分布时的结果。为了更好地体现最近邻应力再分配的影响,图 7-6 同时画出了不同 κ 取值下,最近邻应力再分配和平均应力再分配下的结果。随着 κ 的增加,纤维束的塑性拉伸性质越来越明显,这体现在应力-应变曲线的形状上。相比较而言,κ 对最大应变的影响较大,而对临界应力的影响相对较小。这是因为塑性强度主要影响单根塑性纤维的拉伸伸长量,而对临界应力的影响则主要是塑性纤维对断裂传播速度的阻碍作用。对比平均应力再分配,最近邻应力再分配下不管是最大应变还是临界应力都较小,这反映了应力集中效应对拉伸断裂过程的影响。同时,在最近邻应力再分配下比值 κ 对模型宏观力学性质的影响比平均应力再分配下更加明显。这是因为,在短程关联下,塑性纤维对拉伸中裂纹传播的阻碍作用更加明显。

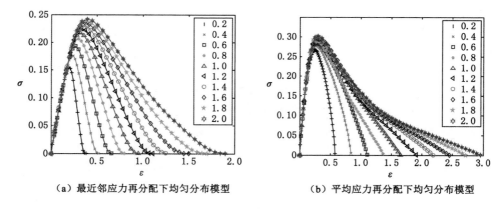

（a）最近邻应力再分配下均匀分布模型　　　　　（b）平均应力再分配下均匀分布模型

图 7-6　不用 κ 取值下模型的本构行为

　　临界应力随着 κ 的变化如图 7-7 所示。在图中双对数坐标系中，当 $\kappa < 2$ 时，临界应力和 κ 之间出现直线型关系，说明临界应力与 κ 之间具有以下的幂率关系

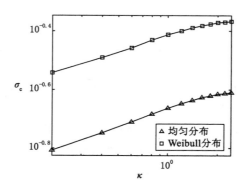

图 7-7　临界应力随 κ 的变化

$$\sigma_c \sim \alpha^{\gamma} \tag{7-3}$$

其中幂指数 $\gamma = 0.19$，对均匀分布和 Weibull 分布都成立。而当 κ 的取值超过 2 时，临界应力趋于一个常数。在 κ 取值较小时幂率指数取值较小以及在 κ 取值较大时临界应力出现饱和趋势都表明塑性强度对纤维束断裂强度仅产生了细微的影响。同时，在阈值为均匀分布和 Weibull 分布下幂率指数相等，说明塑性纤维对纤维束的强化作用不受断裂纤维断裂阈值分布的影响。

　　在图 7-8 中，同时画出了最大雪崩尺寸和负载加载步数随着 κ 的变化。从图中可以看出，最大雪崩尺寸随着 κ 的增加而单调减小。当 κ 达到 2.0 时，最大雪崩尺寸趋于一个常数,说明塑性纤维对纤维束中形成大尺寸雪崩的阻碍作用是非常有限的。随着 κ 的增大,负载加载步数几乎线性增加,不同的阈值分布仅仅改变了负载加载步数的具体数值。

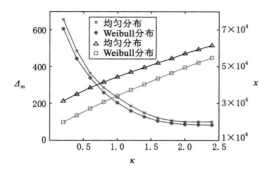

图 7-8　最大雪崩尺寸 Δ_m 和负载加载步数(x)与 κ 之间的关系

　　不同 κ 取值下,阈值分布为均匀分布的纤维束模型的雪崩尺寸分布如图 7-9 所示。不同 κ 值对应的雪崩尺寸分布具有类似的形貌,为了清晰地展示雪崩尺寸的形貌,图中数据沿着纵坐标进行了平移。不同 κ 取值下雪崩尺寸分布具有类似的形貌说明单根塑性纤维的塑性强度仅仅对纤维束的雪崩尺寸分布产生了微小的影响。当 $\kappa=0.2$ 时,较小尺寸雪崩的尺寸分布符合幂指数为 -3.7 的幂率分布。虽然此时 κ 取值较小,但是雪崩尺寸分布的形貌却和最近邻应力再分配下经典纤维束模型相去甚远。和图 7-5 进行比较,可以看出对模型的雪崩尺寸分布的主要影响因素是比例 α,而非 κ。当 κ 达到 2.0 后,较大尺寸雪崩对应的尺寸分布趋于幂率分布形式。

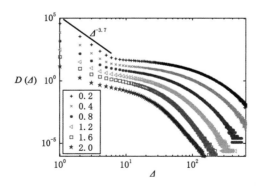

图 7-9　不同 κ 值下阈值为均匀分布纤维束模型的雪崩尺寸分布
(图中直线表示幂指数为 -3.7 的幂率分布)

7.4　分析与讨论

本章将平均应力再分配的脆性-塑性混合纤维束模型推广到了最近邻应力再分配形式。为了更好地描述非脆性材料的拉伸断裂过程,本模型中考虑了塑性纤维比例 α 和相对塑性强度 κ 两个主要影响因素。应用数值模拟的方法分别分析了两个主要影响因素对模型断裂雪崩过程的影响。

对拉伸断裂的宏观力学性质,比例 α 主要影响了拉伸过程中的临界应力,但对模型超过临界应力后的宏观断裂过程几乎没有影响。模拟结果表明临界应力、最大雪崩尺寸和负载加载步数都和 α 之间近似满足幂率关系。当然,仅从以上的模拟结果还不能得出一定是幂率关系而不是其他类似的函数关系的结论。进一步的证明有待于对更大尺寸模型的模拟和构建更加优化的近似模型。在雪崩的统计性质方面,随着塑性纤维比例的增加,雪崩尺寸分布不管是在平均应力再分配还是在最近邻应力再分配下都逐渐远离幂率分布。

模型的另外一个影响参数相对塑性强度 κ 同样对模型的拉伸断裂性质产生了复杂的影响。在宏观力学性质方面,参数 κ 主要影响了最大应变而非临界应力。因此,模型在超过临界应力后的断裂过程显著受到参数 κ 大小的影响。当 κ 达到 2.0 后,临界应力和最大雪崩尺寸都趋于一个常数,说明单根纤维的塑性强度仅对模型的断裂过程产生了非常有限的影响。而在模型断裂的统计性质方面,在参数 κ 取值较大时,较大尺寸雪崩对应的尺寸分布趋向于幂率分布形式。

相比较而言,比例 α 主要影响了模型断裂统计性质即雪崩尺寸分布,而单根纤维的塑性强度则主要影响了达到临界应力后模型的断裂性质。在本模型中,不同的阈值分布形式对模型拉伸断裂性质与两个主要参数之间的关系没有产生实质性影响,仅仅影响了断裂参数的具体数值。总之,在经典的脆性纤维束模型中加入一定比较的塑性纤维能够显著提高整个纤维束的拉伸强度。

第 8 章　平均应力再分配下含缺陷纤维束模型的雪崩断裂过程

在研究材料断裂的微观机制时,有一个常见的悖论就是,实际材料的拉伸强度要比应用连续性理论得到的理论结果稍小。这一现象尤其在脆性材料中更加明显。产生这一现象的一个重要原因是实际材料中的缺陷在拉伸断裂过程中起到了决定性作用,例如缺陷的存在影响了材料断裂过程中微观的成核和裂纹前沿的传播性质。宏观上,根据不同材料表现出来的不同的应力-应变关系和拉伸断裂性质,材料可以简单分为脆性、塑性、半脆性材料。在微观尺度上,不同材料的宏观断裂性质取决于背后的缺陷及其动力学行为。此外,缺陷从几何形态上可以分为点缺陷、线缺陷和平面缺陷,在结构性质上又可以分为空洞、空隙、杂质、位错和微裂纹等[155]。因此,有必要从理论上研究缺陷对材料拉伸断裂性质的影响。

纤维束模型是从理论上研究材料拉伸断裂性质的一个常用模型,经典纤维束模型没有考虑材料中可能存在的缺陷。在本章,我们将在经典纤维束模型的基础上构建含缺陷的纤维束模型。应用数值模拟的方法分析缺陷的大小及其密度对纤维束拉伸断裂性质的影响。

8.1　含缺陷纤维束模型

纤维束中,最重要的参数就是纤维断裂阈值的分布,本章考虑缺陷的存在会显著改变纤维束原有的断裂阈值分布。对于含缺陷的纤维束模型来说,除了和经典纤维束模型一样定义 N 根脆性纤维向两端拉伸外,还需要考虑缺陷对断裂阈值分布的影响。首先假设每一根纤维的断裂阈值表示为 $\sigma_i, i = 1, 2, \cdots, N$。断裂阈值 σ_i 的概率分布函数 p 和累积概率分布函数 P 满足下式

$$P(\sigma_i) = \int_0^{\sigma_i} p(x) \mathrm{d}x \tag{8-1}$$

在本章的模拟中,断裂阈值分布考虑均匀分布

$$P(\sigma) = \begin{cases} \sigma & 0 \leqslant \sigma \leqslant 1 \\ 1 & \sigma > 1 \end{cases} \tag{8-2}$$

和 Weibull 分布两种情况

$$P(\sigma) = 1 - \exp[-(\sigma/\lambda)^m] \tag{8-3}$$

其中,$m=2,\lambda=1$。为了描述纤维束中的缺陷对断裂阈值的影响,引入一个系数 α,从纤维束中应用均匀分布随机选取的比例 α。将被选取的每根纤维的断裂阈值乘以一个系数 $\kappa(0<\kappa<1)$。模型中比例 α 和系数 κ 可以描述缺陷的密度和缺陷的尺寸,成为模型的两个主要参数。

由于本模型中应力再分配方式采用平均应力再分配,可以使用解析近似的方法进行分析。在以下的分析中,首先使用解析近似方法分析模型的本构行为和雪崩尺寸分布,然后使用数值模拟方法对模型的拉伸断裂性质进行较全面的分析。由于平均应力再分配下,模型的维度对模拟结果没有影响,因此对本模型仅采用最简单的一维格点模型。为了得到比较可靠的模拟结果,纤维束的尺寸选为 $N=100\ 000$,模拟结果为至少 2 000 次断裂过程的系综平均。

8.2 含缺陷纤维束模型的解析分析

通过上述方法引入缺陷后,模型中纤维的断裂阈值分布发生了变化,新的阈值分布表示为 p'。根据缺陷的引入方法,新的阈值分布函数和原始的阈值分布函数之间的关系可以用下式表示,

$$p'(x) = p(x)(1-\alpha) + \alpha \cdot p(x/\kappa)/\kappa \tag{8-4}$$

在原始阈值分布为均匀分布时,含缺陷的新分布可以表示为:

$$p'(x) = \begin{cases} 1 - \alpha + \dfrac{\alpha}{\kappa} & x < \kappa \\ 1 - \alpha & \kappa < x < 1 \\ 0 & x > 1 \end{cases} \tag{8-5}$$

而当初始断裂阈值分布为 Weibull 分布时,含缺陷的新分布函数表示为

$$p'(x) = (1-\alpha)\frac{m}{\lambda}\left(\frac{x}{\lambda}\right)^{m-1}\exp\left[-\left(\frac{x}{\lambda}\right)^m\right] + \frac{\alpha m}{\kappa\lambda}\left(\frac{x}{\kappa\lambda}\right)^{m-1}\exp\left[-\left(\frac{x}{\kappa\lambda}\right)^m\right]$$

$$\tag{8-6}$$

一般情况下,平均应力再分配下的纤维束模型通常可以通过解析的方法进行分析。本章引入的含缺陷的纤维束模型与经典纤维束模型的区别仅存在于阈值分布的不同。理论上,只要将对经典纤维束模型的理论分析过程中的阈值分

布函数 p 和累积分布函数 P 相应地换成含缺陷纤维束模型中的阈值分布函数 p' 和累积分布函数 P' 即可。首先,应力-应变关系可以表示为

$$f = F/N = x[1 - P'(x)] \tag{8-7}$$

拉伸过程中的宏观本构关系可以通过数值求解式得到。

在微观尺度下,通过和文献[100]类似的近似分析可以得到模型的雪崩尺寸分布。对于经典的纤维束模型,Hemmer 和 Hansen[53,62] 给出了在准静态负载加载中雪崩尺寸 Δ 对应的分布函数 $D(\Delta)$

$$D(\Delta) = \frac{\Delta^{\Delta-1}}{\Delta!} \int_0^{\varepsilon_m} p'(\varepsilon)(1 - a_\varepsilon) a_\varepsilon^{\Delta-1} e^{-\Delta a_\varepsilon} d\varepsilon \tag{8-8}$$

其中,ε 表示纤维的应变,ε_m 表示整个纤维束发生宏观断裂时对应的最大应变;a_ε 表示纤维束的应变增加无限小增量 ε 时平均发生断裂的纤维的比例;$p'(\varepsilon)$ 表示纤维束的应变为 ε 时,一根纤维发生断裂的概率。一根纤维发生断裂后,相应释放的应力可以表示为 $\delta f = \varepsilon$,释放的应力在没有断裂的剩余纤维中均匀分布。应力再分配的结果是,未断裂纤维的应变相应地增加值可以表示为:

$$\delta\varepsilon = \frac{\delta f}{Y(\varepsilon)} = \frac{\varepsilon}{Y(\varepsilon)} \tag{8-9}$$

其中 $Y(\varepsilon)$ 表示纤维束的应变为 ε 时系统的等效杨氏模量,该等效杨氏模量可以通过以下简单的等式得到

$$f = Y(\varepsilon)\varepsilon \tag{8-10}$$

因此,在应变为 ε 时,一根纤维断裂引起的其他纤维断裂的总比例可以表示为

$$p_{tot}(\varepsilon) = p'(\varepsilon)\delta\varepsilon = p'(\varepsilon) \frac{\varepsilon}{Y(\varepsilon)} \tag{8-11}$$

这实际上是式(8-8)中的 a_ε 的另外一种表述。因此对不同的雪崩尺寸 Δ 通过数值计算可以得到相应的雪崩尺寸分布情况。

8.3　缺陷大小对含缺陷纤维束拉伸断裂过程的影响

从以上模型的定义可以看出,系数 κ 可以描述材料内部缺陷的尺寸大小。为了分析模型缺陷尺寸系数 κ 对纤维束拉伸断裂过程中宏观力学性质和断裂统计性质的影响,假设缺陷密度指数 $\alpha = 0.1$。在不同缺陷尺寸 κ 下,应力-应变关系的解析近似结果和模拟结果如图 8-1 所示,其中图 8-1(a)和图 8-1(b)分别表示初始断裂阈值分布为均匀分布和 Weibull 分布时的数值模拟结果;而图 8-1(c)和图 8-1(d)则表示对应均匀分布和 Weibull 分布下的解析近似结果。从图中可以看出,在拉伸的初始阶段,不同 κ 对应的本构曲线重合得很好,说明 κ 对拉伸初始阶段的本构曲线几乎没有影响。这是因为,在拉伸的初始阶段,仅

有最易断裂的纤维出现了断裂，而其他强度更大的纤维对断裂没有贡献，因此阈值分布对纤维束模型的宏观本构关系没有影响，或者说系数 κ 对模型的拉伸初始阶段没有产生影响。随着拉伸的继续，不同系数 κ 对应的应力-应变曲线出现显著的差异。对于系数 κ 的影响，不论是阈值为均匀分布还是 Weibull 分布，系统宏观断裂所对应的最大应变量随着 κ 的变化都是非单调的。这是因为影响系统最大应变的是纤维强度的分布而非所有纤维的平均阈值。不管 κ 取极大值还是极小值，κ 对阈值分布的影响都较小，都比取 0.5 附近时对阈值分布的影响要小，因此出现了非单调的性质。而对临界应力来说，随着 κ 的变化而单调变化，在下一段将专门来分析 κ 对临界应力的影响。对比阈值为均匀分布和 Weibull 分布两种情况发现，纤维的初始阈值分布对系统的本构关系没有明显的影响。从整体上来讲，在各种参数下，系统的本构关系说明系统依然具有良好的脆性。另外，图 8-1 表明解析结果和数值模拟结果吻合得很好，两者之间细微的差别在

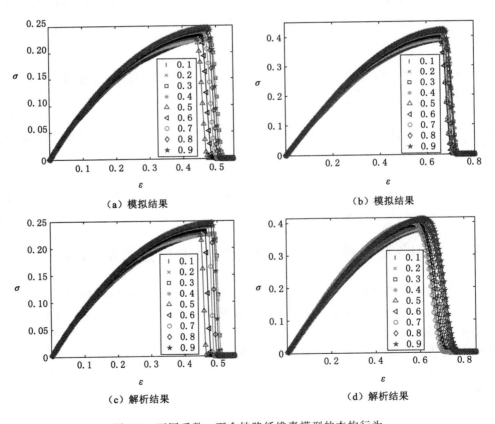

图 8-1　不同系数 κ 下含缺陷纤维素模型的本构行为

于阈值的离散随机分布和连续分布函数之间的细微差异,这一差异在分布范围较大的 Weibull 分布更加明显。

为了详细分析系数 κ 的取值对纤维束整体强度的影响,图 8-2 给出了临界应力和 κ 之间的函数关系。随着系数 κ 的减小,也就是随着缺陷尺寸的增加,临界应力单调地减小。在系数 κ 取值较小时,临界应力近似于一个常数。而随着 κ 的继续增加,当 κ 值大于 0.4(均匀分布)或 0.3(Weibull 分布)时,临界应力随着 κ 的增加而单调增加。在 κ 取值较小时,κ 的取值主要影响了具有较小阈值纤维的比例,这对临界应力的贡献较小。而当 κ 的取值较大时,主要影响了纤维的较大阈值,具有较大断裂阈值的纤维对整个纤维束的宏观最大应力起到了主要作用。不管是均匀分布还是 Weibull 分布,含缺陷纤维的比例仅仅设定为 0.1,由于这部分纤维较少,对整个纤维束的宏观断裂应力的影响是非常有限的。通过对比可以发现,解析近似结果和模拟结果可以很好地吻合。

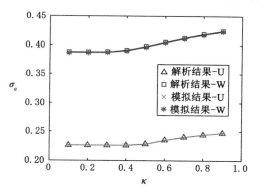

图 8-2　κ 对模型临界应力的影响
（U 表示均匀分布,W 表示 Weibull 分布）

图 8-3 表示了含缺陷纤维束模型雪崩尺寸分布的解析近似结果和模拟结果。图中为了清晰地表示不同参数下的雪崩尺寸分布,将数据沿着纵坐标进行了平移,当然这并不影响雪崩尺寸分布的幂率指数。从图 8-3 可以看出,在模型取不同参数时,雪崩尺寸分布均满足幂率分布,而且在不同参数下,雪崩尺寸分布对应的幂指数都是 -2.5,这符合经典纤维束模型在平均应力再分配下的普适类。由于含缺陷纤维束模型在不同参数下的主要差异是具有不同的断裂阈值分布,说明纤维束模型中断裂阈值分布对雪崩尺寸分布几乎没有影响。和预想的一样,这里解析近似结果能够和数值模拟结果很好地吻合。

图 8-4 给出了最大雪崩尺寸和负载加载步数随着模型参数 κ 的变化。在图中分别给出了阈值为均匀分布和 Weibull 分布两种情况。

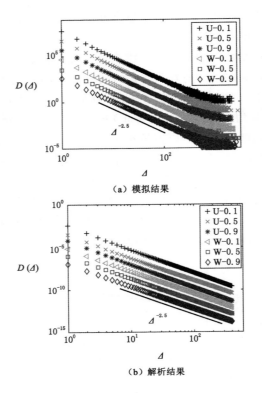

（a）模拟结果

（b）解析结果

图 8-3 含缺陷纤维束模型的雪崩尺寸分布

（图中直线表示雪崩尺寸分布的幂指数为－2.5，U 表示均匀分布，W 表示 Weibull 分布）

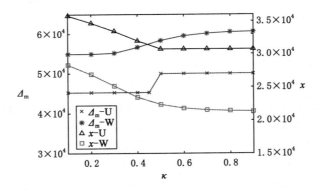

图 8-4 最大雪崩尺寸（Δ_m 分布）和负载加载步数 x 随着系数 κ 的变化

（U 表示均匀分布，W 表示 Weibull 分布）

从图中可以清晰地看出,不管是在均匀分布还是 Weibull 分布,最大雪崩尺寸分布随着 κ 的变化都可以划分为两个区域,在 $\kappa=0.5$ 附近,最大雪崩尺寸随着 κ 的增加显著增加,在均匀分布下出现突变,而在 Weibull 分布下则为缓慢的变化。对经典纤维束模型断裂雪崩过程中渡越行为的研究表明,大尺寸雪崩更容易发生在拉伸断裂过程的最后阶段[82,156]。而 κ 取值较小时,对阈值的主要影响是增加了具有较小阈值的纤维的数目,这将在拉伸断裂的后期阻碍大尺寸雪崩的形成,对应系统的最大雪崩尺寸较小。以上最大雪崩尺寸随着 κ 的变化可以通过负载加载步数随着 κ 的变化进行验证。在 κ 取值较小时,负载加载步数随着 κ 的增加而减小,而在 κ 取值较大时,负载加载步数趋于一个不变的饱和值。在 κ 取值为 0.5 附近时,系统的性质出现突变的原因是 $\kappa=0.5$ 可以看成系统中具有较小阈值的纤维是否占主导地位的分界线。

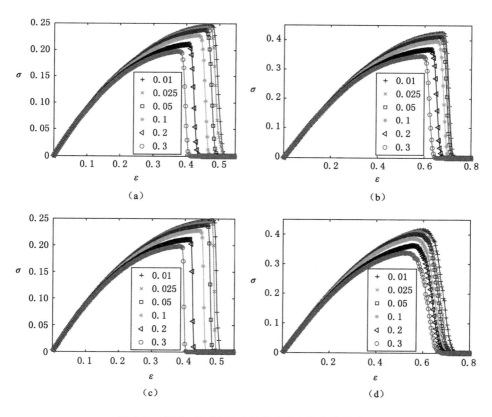

图 8-5　不同 α 取值下,含缺陷 FBM 的本构行为

8.4　缺陷密度对含缺陷纤维束拉伸断裂过程的影响

在本模型中,另外一个参量是缺陷纤维的比例 α,比例 α 可以表示纤维束模型中缺陷的密度。在以下的分析中,为了分析比例 α 对模型断裂雪崩过程的影响,选取系数 $\kappa=0.5$。首先,在不同 α 取值下,系统的本构关系如图 8-5 所示,其中(a)和(b)表示阈值分布为均匀分布和 Weibull 分布下的模拟结果;(c)和(d)为相应的解析近似结果。从图中可以清晰地看出,不管是应变还是应力随着 α 的变化都是单调的。随着 α 增大,宏观断裂对应的临界应力和临界应变都相应地减小,这说明随着缺陷密度的增加,纤维束的强度变得越来越弱。相比 Weibull 分布时的结果,在初始阈值为均匀分布时, α 对纤维束最终断裂应变的影响更加显著。在初始阈值分布为均匀分布时,引入缺陷对阈值的均匀分布产生了本质的改变;但是在 Weibull 分布的情况下,比例 α 仅仅改变了 Weibull 分布曲线的形状,对 Weibull 分布没有产生本质的影响。在 $\alpha\neq0$ 时,初始的均匀阈值分布将变成两个局域均匀分布的组合,而 α 则改变了符合两种均匀分布纤维的比例。和期望的一样,模拟结果和解析近似结果能够很好地吻合。

在拉伸断裂后期,系统宏观断裂点对应的临界应力随着 α 的变化如图 8-6 所示,临界应力随着 α 的增加近似线性减小。这说明相同尺寸的缺陷对系统强度的影响是线性的。在阈值分布为均匀分布时,比例 α 仅仅改变了强弱纤维的比例,纤维束中最大强度纤维的断裂阈值为 1.0 没有变化。然而在 Weibull 分布下,较大的断裂阈值随着 α 的变化而变化。结果,在 Weibull 分布下, α 对系统强度的影响更加明显。从图中可以看出,模拟结果和解析近似结果几乎完全相同。

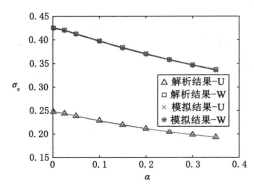

图 8-6　比例 α 对模型临界应力的影响

(U 表示均匀分布,W 表示 Weibull 分布)

图 8-7 给出了不同 α 取值下,模型的雪崩尺寸分布,为了更清晰地显示各参数下的雪崩尺寸分布,对图中数据的纵坐标进行了变换。从图中可以看出,比例 α 对系统的雪崩尺寸分布几乎没有影响,图中各雪崩尺寸分布都能很好地满足幂指数为 -2.5 的幂率分布,和其他纤维束模型具有相同的普适类。以上结果同时表明,纤维束的阈值分布并不会对纤维束模型的雪崩尺寸分布产生明显的影响。就断裂的统计性质来说,含缺陷的纤维束模型和经典纤维束模型应同属相同的普适类。

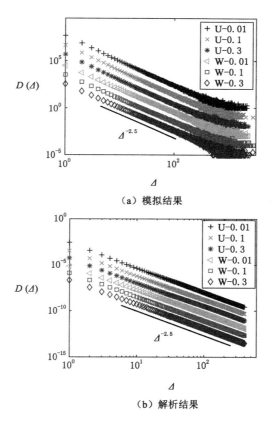

（a）模拟结果

（b）解析结果

图 8-7　含缺陷纤维束模型的雪崩尺寸分布
（U 表示均匀分布,W 表示 Weibull 分布）

最大雪崩尺寸随 α 的变化如图 8-8 所示,在该图中同时画出了负载加载步数随 α 的变化。随着 α 从 0.001 增加到 0.35,Weibull 分布下的最大雪崩尺寸随着 α 的增加而单调地减小,而均匀分布下的最大雪崩尺寸几乎保持不变。相应地,Weibull 分布下的负载加载步数随着 α 单调减小,但是在均匀分布下的负载加载步数几乎没有变化。出现这一现象的原因是,在阈值分布符合均匀分布时,比例 α 仅仅改变了较大阈值和较小阈值的分布比例,而单独对较大阈值或较小阈值来说,均各自符合均匀分布。与此相反,Weibull 分布的峰值位置随着 α 的变化而变化,也就是说,α 的变化从本质上改变了 Weibull 分布,而对均匀分布没有实质性改变。最大雪崩尺寸和负载加载步数均处于 10^4 数量级,这说明在含缺陷的纤维束模型中,绝大部分雪崩仅仅具有较小的尺寸。

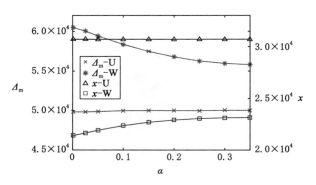

图 8-8　系数 α 对模型最大雪崩尺寸(Δ_m)和宏观断裂前负载加载步数 x 的影响
(U 表示均匀分布,W 表示 Weibull 分布)

8.5　分析与讨论

在本章,我们构建了一个含缺陷的扩展纤维束模型,通过解析近似和数值模拟方法分析了模型的断裂雪崩过程。含缺陷的纤维束模型相比经典的纤维束模型来说,主要的区别是引入缺陷后改变了经典纤维束模型的阈值分布情况。在材料中,缺陷的性质可以用缺陷的尺寸和密度来表示,因此在模型中,主要影响因素就是缺陷的尺寸和密度,即指数 κ 和比例 α。在平均应力再分配下的应力控制型拉伸条件下,通过数值模拟和解析近似方法得到了模型断裂的宏观力学性质和断裂统计性质。

在初始断裂阈值为均匀分布情况下,κ 和 α 仅仅改变了两种不同的阈值分布所占的比例,对于较大的阈值和较小的阈值,在局部仍然满足均匀分布。而在初始阈值分布为 Weibull 分布的情况下,κ 和 α 对 Weibull 分布产生了实质性影响。因此,相比初始阈值分布为均匀分布的情况,在 Weibull 分布下,缺陷对模型的断裂性质的影响更加明显。然而,不管是均匀分布下还是 Weibull 分布下,模型的雪崩尺寸分布几乎不受缺陷的影响。结合大量对纤维束模型的研究结果可以做出大胆地推测,在平均应力再分配下,具体的阈值分布对模型的雪崩尺寸分布产生的影响几乎可以忽略不计。另外,雪崩尺寸分布常常显著地受到应力再分配方式和单根纤维的拉伸断裂性质的影响。和其他平均应力再分配下的纤维束模型类似,最大雪崩尺寸和负载加载步数均处于 $0.1N$ 到 N 的数量级,这说明绝大部分的雪崩仅具有非常小的尺寸。

　　通过本章的分析发现,缺陷的密度和尺寸对含缺陷纤维束模型的拉伸断裂性质产生了复杂的影响。当然,在本章我们仅仅考虑了平均应力再分配方式,而最近邻应力再分配下裂纹前沿的应力集中效应对模型拉伸断裂性质也将有显著的影响,这部分内容将在下一章进行分析。另外,需要指出的是本章构建的含缺陷的纤维束模型仅仅是应用扩展纤维束模型模拟缺陷对材料断裂性质影响的初步尝试,对缺陷的进一步研究需要构建更加符合实际材料性质的含缺陷纤维束模型,例如考虑材料中缺陷的几何尺寸及其分布对材料拉伸断裂性质的影响。

第9章　最近邻应力再分配下含缺陷纤维束模型的雪崩断裂过程

在上一章,我们构建了一个含缺陷的纤维束模型,在平均应力再分配下研究了模型的拉伸断裂性质[157]。在该模型中,缺陷的几何尺寸和密度是两个主要参数。通过解析近似和数值模拟两种方法分析了缺陷对模型雪崩断裂性质的影响。

相比平均应力再分配,最近邻应力再分配更能够描述一些非匀质材料在拉伸过程中的应力再分配性质,同时能够反映材料中出现的裂纹前沿的应力集中效应。在最近邻应力再分配下,前期断裂所引起的裂纹前沿的应力集中效应和损伤成核化将使得系统出现更加显著的脆性断裂性质。同时,最近邻应力再分配会产生局域的空间关联,这使得模型难以使用解析方法进行计算。因此,接下来使用数值模拟的方法对该模型进行分析。

对含缺陷的纤维束模型的详细定义见上一章介绍[157]。本章模型与之的区别是应力再分配方式,本章采用最近邻应力再分配。也就是断裂纤维释放的负载平均分配到最近邻的两根未断裂纤维上。模型中两个主要参量依然是缺陷纤维比例 α 和损伤系数 $\kappa(0<\kappa<1)$,在经典纤维束模型的基础上,随机选择比例为 α 的纤维定义为具有缺陷的纤维,这些纤维的缺陷体现在其断裂阈值乘以一个系数 $\kappa(0<\kappa<1)$,同时,纤维束的断裂阈值也相应地改变了。因此,α 和 κ 分别表示了模型中缺陷的密度和尺寸大小。

当然,断裂阈值的 Weibull 分布已经包含了材料中实际纤维所有具有的缺陷性质。在本模型中,我们重点来分析缺陷的尺寸和密度对材料断裂性质的影响。因此在常用参数取值的 Weibull 分布基础上,单独考虑缺陷对材料断裂性质的影响。在大多数缺陷尺寸和密度取值情况下,考虑了缺陷后的 Weibull 分布可以看成具有另外不同参数的经典 Weibull 分布,这对应了实际材料中纤维断裂阈值的分布。而在缺陷尺寸较大时,叠加了缺陷后的 Weibull 分布与经典 Weibull 分布不再相似,这种情况可以看成是理论分析工作的拓展,也可以看成是实际材料可能出现的极限情况。为了得到可靠的模拟结果,以下模型中系统的尺寸定义为 $N=100\,000$,最终分析的模拟结果是至少 $10\,000$ 次模拟结果的系综平均。

9.1　缺陷大小对含缺陷纤维束拉伸断裂过程的影响

首先,考虑纤维束中缺陷的尺寸大小,在模型中我们通过在断裂阈值上乘以一个系数 κ 来实现。为了方便地单独研究缺陷尺寸对断裂过程的影响,我们假设纤维束中缺陷纤维的比例为 0.1。

在断裂过程中,最重要的宏观力学性质是应力-应变关系,根据应力-应变关系的不同,可以将材料简单划分为脆性、半脆性和塑性材料。在图 9-1 中,画出了不同系数 κ 对应模型的本构曲线。纤维的断裂阈值不管是均匀分布还是 Weibull 分布下,不同的系数 κ 下,各本构曲线具有相似的形状。说明模型具有相似的拉伸断裂的宏观力学性质,或者说缺陷的尺寸没有对模型的拉伸断裂性质产生实质性影响。在拉伸的初始阶段,不同 κ 值对应的本构曲线能够很好地重合在一起,κ 的取值仅仅影响了本构曲线中的临界应力和最大应变。

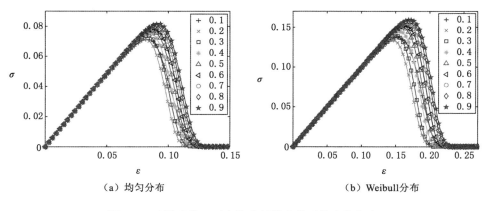

（a）均匀分布　　　　　　　　　　（b）Weibull分布

图 9-1　不同系数 κ 下含缺陷纤维束模型的本构行为

在本模型中,每一根纤维依然是理性的脆性纤维,但是整个纤维束却表现出一定的非脆性断裂性质。这背后的原因是,随着在模型中引入了缺陷,相当于在原有随机分布的断裂阈值的基础上引入了更多的无序性,高无序性体现在经过系综平均后,多次模拟结果的平均效果表现出非脆性的断裂性质。当系数 $\kappa>0.2$ 时,不论是临界应力还是最大应变都随着系数 κ 的增加而增加。说明当缺陷的尺寸增加时,整个系统变得越来越脆弱。然而,当 $\kappa=0.1$ 时,由于乘以一个很小的系数,$\kappa=0.1$ 使得阈值较小的纤维的比例急剧增加,从而从本质上改变了纤维束的阈值分布。结果,$\kappa=0.1$ 时的本构曲线并不满足 $\kappa\geqslant0.2$ 时本构曲线和系数 κ 之间的单调关系。比较(a)、(b)两图可以看出,在 Weibull 分布下,系数 κ 对本构曲线的影响比均匀分布下更加明显。

从以上对本构曲线和系数 κ 之间关系的描述来看,模型的宏观断裂强度也就是临界应力和系数 κ 之间应该有非单调的函数关系,如图 9-2 所示。在初始阈值为均匀分布时,临界应力和 κ 之间的非单调关系并不明显,这是因为系数 κ 对均匀分布的改变较小,没有大幅度改变均匀分布的分布性质。而在 Weibull 分布下,由于部分纤维的断裂阈值乘上了较小的系数 κ,大幅度地改变了阈值分布曲线的形状,结果使得 Weibull 分布下临界应力和 κ 之间具有非单调的函数关系。在 $\kappa=0.15$ 附近,临界应力具有最小值,此时纤维束具有最弱的断裂性质。当 $\kappa>0.2$ 时,临界应力随着 κ 的增大而持续增加。相比均匀分布下的结果,在初始阈值为 Weibull 分布时系统断裂强度更易受到系数 κ 的影响。

为了直观地展示 LLS 下临界应力和 GLS 下结果的异同,图 9-2 的插图给出了 LLS 下临界应力与 GLS 下结果相对比值随着 κ 的变化。插图显示 LLS 下的临界应力不足 GLS 下临界应力的一半,这表明最近邻应力再分配机制下的应力集中效应对纤维束模型的过程起到了加速作用。相比较而言,不管是在均匀分布还是 Weibull 分布下当 κ 处于 0.15 附近时,应力集中效应最明显。

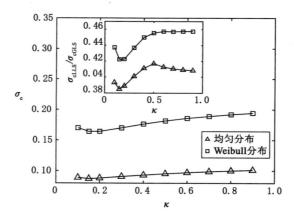

图 9-2 临界应力随 κ 的函数关系
(插图是 LLS 下临界应力相对 GLS 下比值随 κ 的变化)

纤维束模型在拉伸断裂过程中的统计性质可以用双对数坐标系中的雪崩尺寸分布来描述。在图 9-3 中,给出了不同系数 κ 下,模型的雪崩尺寸分布情况。

为了清晰地表示不同 κ 值下的雪崩尺寸分布情况,对图中数据沿着纵坐标作了平移。从图中可以清晰地看出,不管是在均匀分布还是在 Weibull 分布情况下,整个雪崩尺寸分布并不满足幂率分布,这和其他最近邻应力再分配下的纤维束模型的结果是类似的。而对较小的雪崩尺寸,其分布具有幂率分布形式。在初始阈值分布均匀分布下,$\kappa=0.1$ 时幂指数为 -6.1,而当 $\kappa=0.9$ 时幂指数为 -5.6;在 Weibull 分布时,$\kappa=0.1$ 和 0.9 时对应的幂率指数分别为 -5.7 和 -5.0。对于较大尺寸的雪崩来说,雪崩尺寸分布对应更大的幂率分布指数,同时出现显著的渡越行为。

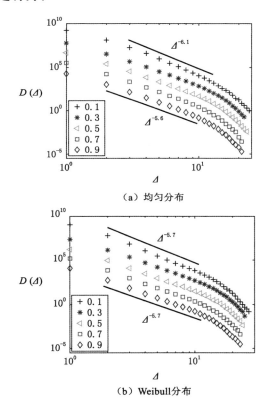

图 9-3　不同系数 κ 下纤维束模型的雪崩尺寸分布

当系数 κ 从 0.9 降到 0.1 时,对应缺陷的尺寸变得越来越大,同时模型越来越远离经典的纤维束模型。在拉伸断裂过程中,较大尺寸的缺陷将阻碍大尺寸雪崩的形成,因而,在雪崩尺寸分布中,小尺寸雪崩较经典纤维束模型偏多,而大尺寸雪崩较经典纤维束模型偏少,结果就是雪崩尺寸分布对应幂率分布指数较大,在均匀分布下达到了−6.1。相类似的是 Weibull 分布下,雪崩尺寸分布对应幂率分布指数同样随着 κ 的下降而增加。

图 9-4 给出了均匀分布和 Weibull 分布下最大雪崩尺寸和负载加载步数随着系数 κ 的变化。图中的最大雪崩尺寸是在拉伸过程中除最后一次雪崩外各雪崩尺寸的最大值。随着系数 κ 从 0.1 增加到 0.9,缺陷的尺寸逐渐减小,然而最大雪崩尺寸在 $\kappa = 0.2$ 附近出现最大值。当 $\kappa > 0.2$ 时,最大雪崩尺寸随着 κ 的增加而单调减小。相应地,负载加载步数随着 κ 的增加而单调减小。在 κ 取极大值时,负载加载步数同样具有一个极限值,与经典纤维束模型相同。需要指出的是,不管初始阈值分布为均匀分布还是 Weibull 分布,负载加载步数和系数 κ 之间都具有单调的函数关系,这和临界应力与 κ 之间的关系不同。出现这一现象背后的原因是,本构曲线、临界应力和最大雪崩尺寸主要受到阈值分布的影响,而负载加载步数仅仅受到最弱纤维数量的影响,而不是阈值的整个分布形式。

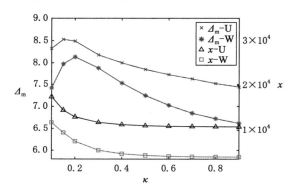

图 9-4　最大雪崩尺寸(Δ_{m})和负载加载步数(x)与 κ 之间的函数关系
（U 表示均匀分布；W 表示 Weibull 分布）

9.2　缺陷密度对含缺陷纤维束拉伸断裂过程的影响

在本模型中,另外一个参数就是纤维中具有缺陷的纤维的比例系数 α,该参数描述了材料中缺陷的密度。在接下来的部分,在分析比例 α 对模型拉伸断裂的宏观力学性质和断裂统计性质的影响时,代表缺陷尺寸的系数固定为 $\kappa = 0.5$。首先,不同比例 α 下的本构曲线如图 9-5 所示。类似于系数 κ,比例 α 对拉伸断裂初始阶段的本构行为没有产生影响。在宏观断裂点附近,不管是临界应力还是最大应变都随着 α 的增大而单调减小。或者说随着缺陷密度的持续上升,整个纤维束的断裂强度随之下降。这里在宏观断裂点附近本构曲线所表现出来的非脆性断裂性质同样来自对高无序纤维束模型模拟后的系综平均。

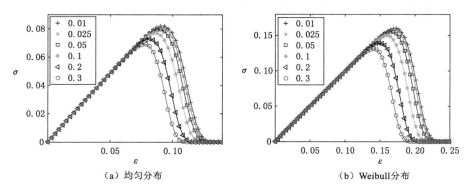

（a）均匀分布　　　　　　　　　　（b）Weibull分布

图 9-5　不同比例 α 取值下含缺陷纤维束模型的本构行为

　　具体临界应力和比例 α 的函数关系如图 9-6 所示。两条曲线分别表示模型的初始断裂阈值为均匀分布和 Weibull 分布两种情况。和预想的一样,模型中缺陷密度的增加会降低模型的临界应力。当 α 从 0.01 变化到 0.35 时,均匀分布下的临界应力近似线性地从 0.101 降低到 0.083,而在断裂阈值为 Weibull 分布时,临界应力相应地从 0.194 变为 0.155。从图中可以清晰地看出,在Weibull 分布下,比例 α 对临界应力的影响较均匀分布下更加显著。为了更加直观地表示 LLS 拉伸条件下应力集中效应对断裂过程的加速作用,图 9-6 中的插图给出了 LLS 下临界应力和 GLS 下比值随着比例 α 的变化。不管是在均匀分布下还是 Weibull 分布下,随着缺陷密度的增加,应力集中效应对断裂过程产生的加速效果逐步减小。相比较而言,在均匀分布下应力集中效应对断裂过程的加速效果更加明显。

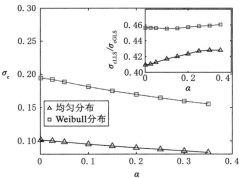

图 9-6　临界应力随着系数 α 的变化

不同比例 α 下的雪崩尺寸分布如图 9-7 所示。为了更清晰地展示每一种雪崩尺寸的分布情况,对图中数据沿着纵坐标进行了平移。和其他最近邻应力再分配下的纤维束模型类似,整体上模型的雪崩尺寸分布并没有幂率分布的迹象。然而,对于较小尺寸的雪崩来说,局部雪崩尺寸分布具有幂率分布趋势。在均匀阈值分布时,比例 $\alpha=0.01$ 和 0.3 分别对应幂率分布指数为 -5.5 和 -5.2;而在 Weibull 分布时,相应幂率分布的幂指数为 -5.0 和 -4.7。而对较大尺寸的雪崩来说,雪崩尺寸分布将渡越到对应更高幂指数的幂率分布形式。当代表雪崩尺寸的系数固定为 $\kappa=0.5$ 时,随着比例 α 的增大,模型中断裂阈值的分布变得越来越集中。结果就是模型在拉伸过程中比较容易形成大尺寸的雪崩,从而使雪崩尺寸分布的幂律指数相应减小。

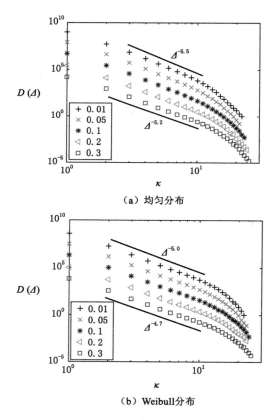

（a）均匀分布

（b）Weibull分布

图 9-7　不同比例 α 下模型的雪崩尺寸分布

图 9-8 给出了最大雪崩尺寸和负载加载步数随着比例 α 的变化。当比例 α

从 0.01 增加到 0.35 时,最大雪崩尺寸随之单调增加。

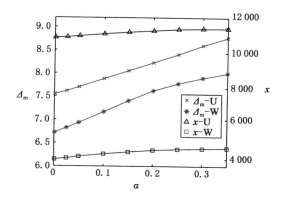

图 9-8　最大雪崩尺寸(Δ_m)和负载加载步数(x)与比例 α 之间的关系
(U 表示均匀分布;W 表示 Weibull 分布)

在均匀分布下,最大雪崩尺寸随比例 α 的变化近似为线性关系,而在 Weibull 分布下,当 α 超过 0.2 后,最大雪崩尺寸随 α 的变化变得缓慢。最大雪崩尺寸和 α 的关系表明缺陷比例对阈值分布有近似线性的影响,特别是在阈值为均匀分布时。从另一方面来说,当比例 α 从 0.01 增加到 0.35 时,负载加载步数随之缓慢上升,这也说明了缺陷密度对模型的断裂阈值分布仅产生了轻微的影响。比较初始阈值为均匀分布和 Weibull 分布情况,可以看出阈值分布仅仅对最大雪崩尺寸或负载加载步数与比例 α 之间的关系产生轻微的影响。因缺陷比例 α 引起的断裂阈值分布的变化仅仅影响了最大雪崩尺寸及负载加载步数的具体数值。

9.3　分析和讨论

从宏观力学性质来看,系数 κ 相比比例 α 对模型的本构曲线产生的影响更加复杂,而两者都没有对拉伸断裂过程的本构曲线产生实质性影响。本构曲线和比例 α 之间存在着单调的关系,随着缺陷密度的增加,临界应力和最大应变都单调减小。而对于系数 κ,当 $\kappa > 0.2$ 时,随着 κ 的增加,临界应力和最大应变都单调增加。当系数 κ 处于 $0.1 < \kappa < 0.2$ 范围内时,在本构曲线和系数 κ 之间出现了反常的关系。在 $\kappa = 0.15$ 附近,临界应力出现最小值。在分析系数 κ 对拉伸断裂过程的影响时,假设了 $\alpha = 0.1$。当 κ 等于 0.1 时,从断裂阈值符合 Weibull 分布的 N 根纤维中随机选取 10% 的纤维,并在其断裂阈值上乘以

$\kappa=0.1$。这部分纤维的断裂阈值显著减小，使得较易断裂的脆弱纤维的比例急剧增加，从根本上改变了整个阈值分布的形式。纤维束模型引入缺陷后仅影响了断裂阈值的分布规律，并没有改变每一根纤维的脆性断裂性质。由于每根纤维的断裂阈值具有随机性，每次模拟得到模型的临界应力和临界应变都不同。当对多次模拟结果进行系综平均时，系统失去了良好的脆性，宏观本构曲线在超过临界应力后出现了明显的拖尾现象，表现出一定的塑性状态。

从断裂统计性质上来说，在不同的系数 κ 和比例 α 下，整体雪崩尺寸分布都不严格满足幂率分布，这和最近邻应力再分配下其他模型得到的结果是一致的。但是对于较小尺寸的雪崩来说，局域的雪崩尺寸分布趋于幂率分布，系数 κ 和比例 α 仅对幂率分布指数产生了细微的影响。和 GLS 下的结果进行比较，最近邻应力再分配机制产生的应力集中效应显著加速了模型的断裂过程，因此，在最终断裂前历次雪崩的尺寸都是很小的。这也使得雪崩尺寸分布图中没有足够的数据来获得精确的幂率分布指数。在图 9-3 和图 9-7 的双对数坐标图中，标注雪崩尺寸分布的幂率指数精确到 2 位有效数字可能比较牵强。但是本模型中缺陷大小和密度对雪崩尺寸分布的影响均较小，如果只使用 1 位有效数字则无法反映缺陷对雪崩尺寸分布的影响，容易造成缺陷对雪崩尺寸分布没有产生影响的误解。

总之，含缺陷纤维束模型中的两个主要参数对模型的宏观断裂性质和断裂统计性质都产生了显著的影响。在 $\alpha=0$ 的状态下，也就是说含缺陷纤维的比例为 0 时，这里含缺陷的纤维束模型就回到了经典纤维束模型。当 $\alpha=0.01$ 时，含缺陷的纤维比例很低，此时含缺陷纤维束模型的结果不管是宏观力学性质还是断裂统计性质都和经典纤维束模型很接近[158]。另一方面，以上模拟结果是在系统尺寸 $N=100\ 000$ 时得到的，由于有限尺寸效应，虽然模拟结果已经非常接近系统尺寸为无穷大时的极限情况，但是两者之间依然存在着差异。为了得到系统尺寸趋于无穷大时的理想结果，则需要进一步分析模型的有限尺寸效应并构建合适的外推方法。例如，在 $\alpha=0$ 时，模型应该回到经典纤维束模型，但是模拟得到的临界应力 $\sigma_c=0.1$，与理论结果有差异。在均匀分布的情况下，对经典纤维束模型有限尺寸效应的分析发现，临界应力和系统尺寸之间满足以下的函数关系

$$\sigma_c \sim \log N^{\gamma} \tag{9-1}$$

其中 $\gamma=-0.496$。当系统尺寸趋于无穷大时，经典纤维束模型的临界应力趋于 0，这和理论结果相吻合[158-159]。

当然本章分析的含缺陷的纤维束模型仅仅是应用纤维束模型模拟材料断裂中缺陷影响的一个简单的扩展纤维束模型。实际材料中缺陷对材料断裂性质的影响远比本章得到的结果复杂。因此，在以后的工作中，我们还需要构建更加符合实际材料性质的扩展纤维束模型，例如考虑缺陷的几何尺寸及其分布等。

第 10 章　纤维束模型的有限尺寸效应

由于材料中存在着具有随机分布的缺陷,材料的尺寸对材料拉伸强度有着一定的影响。在某些纤维状材料中,例如木材和竹材,实验结果显示此时系统强度的有限尺寸效应更加明显[160-162]。理论上来说,材料的断裂现象可以发生在从宏观到微观的各个尺度上。实际材料的宏观断裂是材料内部微裂纹的积累过程,对应格点模型在热力学极限下的性质。因此,应用纤维束模型模拟实际材料的断裂性质最好能模拟无限大的纤维束模型。但是,模拟无限大纤维束模型是不现实的,这是因为计算机系统,哪怕是大型计算机集群,计算能力总是非常有限的。在对纤维束模型的实际模拟研究中,能够模拟的纤维束模型的尺寸是非常有限的,典型的尺寸为 10^6,这相对于实际纤维状材料中微观纤维的数目来说是非常有限的。理论上,应用有限尺寸的纤维来模拟模型断裂性质时,得到的拉伸断裂性质将受到模型尺寸大小的影响,这种模型尺寸的影响称为有限尺寸效应。在不同的研究领域通过有限大小的格点模型模拟自然界实际过程时,有限尺寸效应广泛存在。例如在应用离散模型来模拟材料生长表面的粗糙化动力学过程时,就存在着显著的有限尺寸效应,已有工作对这些有限尺寸效应进行了详细研究[163-164]。已有的研究工作主要集中在对系统尺寸和临界应力之间关系的分析。Biswas 等[165]考虑了应力再分配长度为常数(平均应力再分配或最近邻应力再分配)和变量两种形式。模拟结果表明,临界应力随着系统尺寸满足以下的关系 $\sigma_c \sim 1/\ln L$,当系统尺寸趋于无穷大时,临界应力可以趋向于一个非零的饱和值。Roy 等[84]引入了一个具有高无序断裂阈值的纤维束模型。他们的团队发现在平均应力再分配下

$$\sigma_c \sim N^{-0.624} \tag{10-1}$$

这与之前通过经典纤维束模型得到的结果 $\sigma_c \sim N^{-0.666}$ 不同[166]。在最近邻应力再分配下,有限尺寸效应同样存在着争议[62,70,167]。因此,本章的工作就集中在分析平均应力再分配和最近邻应力再分配下纤维束模型的有限尺寸效应。通过数值模拟的方法揭示了本构行为、临界应力、最大雪崩尺寸、雪崩尺寸分布及负

载加载步数的有限尺寸效应。

10.1　平均应力再分配下纤维束模型的有限尺寸效应

本章拟分析平均应力再分配下和最近邻应力再分配下的经典纤维束模型。参考已有的大量对经典纤维束模型的研究工作,假设纤维的杨氏模量为常量 1,每根脆性纤维的断裂阈值满足均匀分布。其累积分布函数为

$$P(\varepsilon) = \begin{cases} \varepsilon & 0 \leqslant \varepsilon \leqslant 1 \\ 1 & \varepsilon > 1 \end{cases} \tag{10-2}$$

也就是说,断裂阈值分布在 0 和 1 之间。模拟系统的尺寸从 2^9 到 2^{18}。本章分析的数据是至少 5×10^5 模拟结果的统计平均。

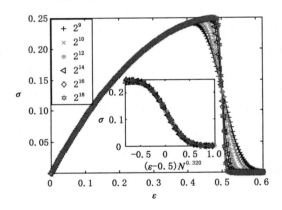

图 10-1　平均应力再分配下不同尺寸纤维束模型的本构曲线

(插图是宏观断裂点附近的数据横坐标应用公式 $(\varepsilon - 0.5)N^{0.320}$ 进行塌缩以后的结果)

在图 10-1 中,画出了系统尺寸从 2^9 到 2^{18} 时模型的本构曲线。在拉伸的最初阶段,随着拉伸的进行,应力单调增加,不同尺寸对应的曲线能够很好地吻合。这一结果表明,系统尺寸对模型拉伸断裂最初阶段的宏观力学性质没有产生影响。从图中可以清晰地看出,系统尺寸对宏观断裂点附近的本构关系有显著的影响。微观上的原因是,在拉伸的最初阶段,产生的雪崩仅仅是小尺寸的雪崩,由于这些雪崩的尺寸比系统的尺寸小得多,所以几乎不受系统尺寸的影响。而在拉伸断裂的后半段出现了较大尺寸的雪崩,雪崩尺寸可以和系统的尺寸相比拟,因此此时雪崩断裂过程受到系统尺寸的影响较明显。随着系统尺寸的增加,宏观断裂点附近的本构曲线变得越来越陡峭。在小尺寸的系统中,纤维断裂阈

值的随机性对发生最终断裂所对应的临界应力和最大应变影响比较明显,通过系综平均后,本构曲线在宏观断裂点附近变得不够真实。另一方面来说,随着系统尺寸的增加,越容易通过本构曲线来确定系统的最大应变和临界应力。所有的本构曲线在应变为 0.5 时能够交汇于一点,这也说明通过模拟多尺度的系统有助于精确确定系统在宏观断裂点所对应的最大应变。在插图中,通过以下标度表达式对数据的横坐标进行了塌缩:

$$\sigma \sim f((\varepsilon - 0.5)N^{\delta}) \tag{10-3}$$

其中,$\delta = 0.320$ 时数据能塌缩得最好。式(10-3)也说明在系统尺寸趋于无穷大时,经典纤维束模型出现宏观断裂对应的最大应变为 0.5,这和理论分析的结果能很好吻合。

　　由于临界应力表征了纤维束模型拉伸断裂的重要的力学性质,已有的关于纤维束模型有限尺寸效应的研究主要集中在对临界应力有限尺寸效应的分析。在图 10-2 中,首先画出了临界应力随着系统尺寸在半对数坐标系中的关系。可以看出,临界应力随着系统尺寸的增加而单调减小,另外在系统尺寸取极大值时,临界应力趋向于一个饱和值。在插图中,以上数据利用下式进行了塌缩:

$$(\sigma_c - 0.25) \sim N^{-\xi} \tag{10-4}$$

其中幂指数 $\xi = 0.64 \pm 0.01$ 时数据能最好地塌缩成直线形式。通过简单的外推方法可以确定在系统尺寸趋于无穷大时,临界应力趋于 0.250,这里通过数值模拟得到的结果能够和解析近似结果很好吻合。同时,这里标度式中的幂律指数 $\xi = 0.64$ 可以和已有的类似结果 $\xi = 0.624$[84] 和 $\xi = 0.666$[166] 很好地吻合,本章的结果介于两个已有结果之间,更加准确地反映了经典纤维束模型的有限尺寸效应。

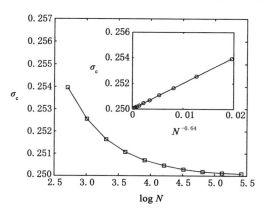

图 10-2　临界应力随着 log N 的变化

(插图是数据利用横坐标 $N^{-0.64}$ 塌缩以后的结果)

　　图 10-3 展示了最大雪崩尺寸随着系统尺寸的变化关系。从整体上来看,最大雪崩尺寸和系统的尺寸相当,而且最大雪崩尺寸随着系统尺寸的增加近似线性增加。为了验证这一线性关系,插图给出了双对数坐标系中两者之间的函数关系,在双对数坐标系中,数据能够表现出非常好的线性形式,准确来说是很好地满足了幂指数为 $\gamma = 1.010 \pm 0.002$ 的幂率关系 $\Delta_m \sim N^\gamma$,这说明最大雪崩尺寸和系统尺寸之间具有非常好的线性关系。为了更好地描述最大雪崩尺寸随着系统尺寸的变化关系,定义最大雪崩尺寸与系统尺寸的比值 Δ_m / N 为相对最大雪崩尺寸。图中可以看出,相对雪崩尺寸 Δ_m / N 在系统尺寸足够大时应该趋于一个常数。在图 10-3(b) 中画出了相对最大雪崩尺寸随着 $\log N$ 的变化关系,随着系统尺寸的增加,相对雪崩尺寸单调减小,在系统尺寸较大时,相对雪崩尺寸趋于 0.5。通过以下简单的标度关系可以将数据塌缩成直线形式:

$$\Delta_m / N \sim \log N^\delta , \tag{10-5}$$

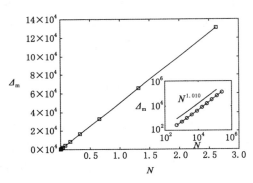

（a）插图是在双对数坐标系中的结果

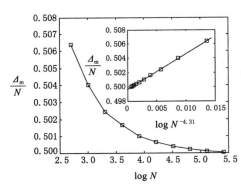

（b）插图是在相对最大雪崩尺寸与 $\log N^{-4.31}$ 之间的关系,数据塌缩成了直线形式

图 10-3　最大雪崩尺寸随系统尺寸的变化关系

其中幂指数 $\delta=-4.31$ 时数据线性拟合得最好。通过对这一线性形式进行简单的外推，可以发现在系统尺寸趋于无穷大时，相对最大雪崩尺寸 $\Delta_m/N=0.500$。虽然从理论上来说这一外推的方法缺少必要的理论依据，但是通过这一方法可以进一步验证相对最大雪崩尺寸在系统尺寸取极大值时趋于 0.5。

　　各尺寸系统的雪崩尺寸分布如图 10-4 所示。系统尺寸从 2^9 到 2^{15}，在双对数坐标系中，雪崩尺寸分布呈直线形式表明雪崩尺寸分布满足幂率分布形式。不同尺寸系统得到的较小尺寸的雪崩满足相同的分布形式，具有相同的幂率指数。图中通过标注为 $\Delta^{-2.5}$ 的直线来表明不同尺寸系统的较小尺寸的雪崩尺寸分布具有普适性。这也说明系统尺寸对平均应力再分配下的经典纤维束模型的雪崩尺寸分布的普适性没有产生影响。但是在分析雪崩尺寸分布的时候，模拟较大尺寸的系统仍然是有意义的，因为在较大尺寸系统的雪崩尺寸分布中更容易精确确定幂率分布指数。不同尺寸系统模拟得到的雪崩尺寸分布的最直观区别是最大雪崩尺寸，由于最大雪崩尺寸可以和系统的尺寸相当，必然受到系统尺寸的限制。在插图中，应用以下标度式对雪崩尺寸分布的横纵坐标进行重新标度，发现不同尺寸系统得到的数据满足形同的曲线形式。

$$D(\Delta)\sim N^{-\alpha}f(\Delta N^{-\beta}) \tag{10-6}$$

其中 $\alpha=1.72$ 及 $\beta=0.70$ 可以使得数据塌缩得最好。

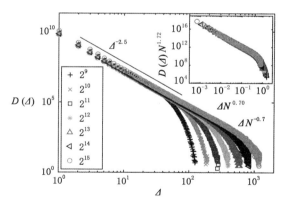

图 10-4　不同系统尺寸下的雪崩尺寸分布

（直线表示幂指数为 -2.5 的幂率分布插图是根据式对数据进行塌缩以后的结果）

　　在准静态的拉伸断裂过程中，出现宏观断裂前外加负载的加载总步数能够反映系统的整个弛豫过程。所谓准静态的负载加载方式是指每次外加负载仅加载到使得未断裂纤维中最弱的一根出现断裂，当然，这根纤维的断裂可能引发一系雪崩过程。因此随着系统尺寸的增加，在出现宏观断裂前负载加载步数也随之单调增加。如图 10-5 所示,需要指出的是,图中数据之间的连线是折线,不是一条直线。为了验证负载加载步数和系统尺寸之间存在线性关系,插图中应用双对数坐标系画出了两者之间的关系。在双对数坐标系中通过数据拟合发现,两者之间满足幂指数为 0.996 ± 0.002 的幂率分布,说明负载加载步数和系统尺寸之间近似满足线性关系。为了更好地分析负载加载步数随着系统尺寸的变化,定义相对负载加载步数 x/N,图 10-5(b) 中,画出了相对负载加载步数 x/N 随着 $\log N$ 的变化关系。从图可以看出,随着系统尺寸的增加,相对负载加载步数单调减小,当系统尺寸较大时,相对负载加载步数趋于 0.307 的饱和值。我们假设 x/N 和 $\log N$ 满足以下的幂率关系式

$$x/N \sim \log N^{-\gamma} \tag{10-7}$$

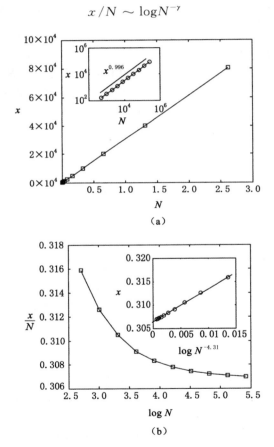

图 10-5 负载加载步数和模型尺寸的关系

在插图中可以看出,当 $\gamma = 4.31$ 时,相对负载加载步数随着 $\log N$ 的变化

关系可以塌缩成一条直线形式。通过简单的外推方法,可以得到在系统尺寸趋于无穷大时,相对负载加载步数 $x/N = 0.306$。在系统尺寸足够大时,相对负载加载步数趋于一个常数,说明在系统尺寸足够大时,有限尺寸系统中的边界效应对负载加载步数的影响可以忽略不计。也说明负载加载步数主要取决于纤维的断裂阈值分布、应力再分配方式和系统的尺寸。

10.2　最近邻应力再分配下纤维束模型的有限尺寸效应

最近邻应力再分配下的纤维束模型和平均应力再分配下的纤维束模型除了应力分配方式的不同外具有相同的定义。在若干纤维断裂后,释放的负载仅仅重新分配在最近邻的两条纤维上。最近邻应力再分配下,纤维束中的应力分布不再均匀,在断裂纤维周围应力分布更加集中,这一模型能更好地模拟实际材料拉伸断裂过程中可能出现的裂纹前沿的应力集中效应。接下来,采用和平均应力再分配下类似的分析方法对最近邻应力再分配下经典纤维束模型的有限尺寸效应进行分析。

不同尺寸模型对应的本构行为如图 10-6 所示,通过一系列本构行为可以看出系统尺寸对模型宏观力学性质的影响。图中可以看出,不同尺寸系统的本构曲线在拉伸初始阶段相互重叠,说明在最近邻应力再分配下,系统尺寸同样对拉伸断裂的初始阶段的力学性质没有产生影响。由于此时产生的雪崩尺寸非常小,没有收到系统尺寸的限制,此时有限大小的系统仍可以看成无限大。在拉伸断裂的后半段,临界应力和最大应变都随着系统尺寸的增大而减小。在插图中,我们尝试使用以下的标度关系式对数据进行了塌缩,

$$\sigma \sim \log N^{-\delta} f(\varepsilon \log N^{\gamma}) \tag{10-8}$$

其中,$\delta = 0.68$ 及 $\gamma = 0.9$ 时数据塌缩得最好。从图中可以看出,在宏观断裂点附近的本构曲线塌缩得很好,而拉伸初期的数据塌缩得不够理想。事实上,在最近邻应力再分配下,模型的宏观断裂应该突然发生,也就是说应力-应变曲线在宏观断裂点附近应该无限陡峭。然而在图 10-6 中,本构曲线在拉伸断裂的最后阶段呈现二次曲线的形式。这是因为图 10-6 中展示的结果是模拟 5×10^5 以后的统计平均结果,由于断裂阈值的随机性,宏观断裂对应的应力-应变关系也存在着随机性,在进行大量模拟结果平均后,出现了二次曲线的形式。

对纤维束模型有限尺寸效应的研究多关注于系统尺寸对模型临界应力的影响。Hidalgo 等[70]引入了一般的局域应力再分配下的纤维束模型,通过模拟发现模型的临界应力正比于 $1/\ln N$,这和 Kloster 等[62]通过解析近似方法得到的结果相同。然而对于相同的模型,Newman 和 Gabrielov[167]得到了不同的结果,发现

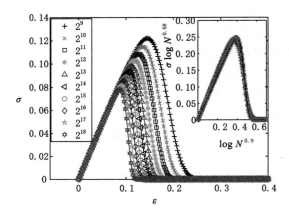

图 10-6　不同系统尺寸下纤维束模型的本构行为

（插图是对数据进行塌缩以后的结果）

$$\sigma_c \sim 1/\ln(\ln N) \qquad (10\text{-}9)$$

通过数值模拟得到的最近邻应力再分配下模型拉伸断裂时的临界应力和系统尺寸的关系如图 10-7 所示。图 10-7 使用了半对数坐标系,对数据进行简单的拟合发现临界应力和系统尺寸之间并不满足关系式

$$\sigma_c \sim 1/\ln N \qquad (10\text{-}10)$$

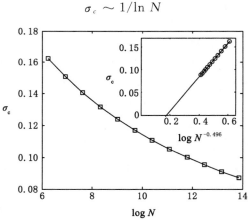

图 10-7　临界应力和系统尺寸 N 之间的函数关系

（图中横坐标采用了对数坐标。插图中,临界应力和系统尺寸之间的关系通过标度式进行了塌缩）

为了更加清晰地分析临界应力和系统尺寸之间的关系,在插图中通过以下标度式对横坐标进行了重新标度,得到了线性形式

$$\sigma_c \sim \log N^\gamma, \tag{10-11}$$

其中 $\gamma = -0.496$ 使得数据塌缩得最好。通过简单外推方法可以看出,当系统尺寸足够大时,临界应力降到 0。仅从这一结论来看,这种外推的方法应该是不可靠的,毕竟得到的结果不符合实际。产生这一荒谬结果的原因应该是,这里外推所使用的临界应力和系统尺寸的关系是从 2^9 到 2^{18} 大小的模型中总结出来的。事实上,临界应力和系统尺寸之间具有比以上结果更加复杂的关系,这还需要通过更大尺寸的模型来总结。

图 10-8 给出了最近邻应力再分配下经典纤维束模型的最大雪崩尺寸随着系统尺寸的变化关系。从大尺寸系统的数据可以看出,最大雪崩尺寸和系统的

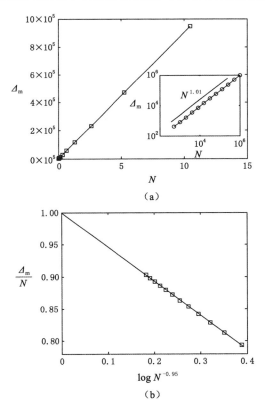

图 10-8　最大雪崩尺寸和系统尺寸之间的关系

((a) 最大雪崩尺寸和系统尺寸之间具有近似的线性关系,在插图中,
双对数坐标系中斜率为 1.01 表明最大雪崩尺寸和系统尺寸之间能够很多好地符合线性关系;
(b) 通过标式式 $\Delta_m/N \sim \log(N)^\delta$ 进行重新标度后,数据可以塌缩成直线形式)

尺寸相当,这一点和平均应力再分配下的结果类似。采用和平均应力再分配下类似的分析方法,在插图中,使用双对数坐标系画出了最大雪崩尺寸和系统尺寸之间的关系,从图中可以测得两者之间满足以下的幂率函数 $\Delta_m \sim N^\gamma$,其中 $\gamma=1.010\pm0.005$,这表明最大雪崩尺寸近似正比于系统尺寸,也就是说相对最大雪崩尺寸随着系统尺寸的增大没有明显变化。在图 10-8(b)中,使用式(10-5)对数据进行重新标度,可以塌缩成直线形式,其中 $\delta=-0.95$。对插图中的直线形式进行简单的外推后,可以得到当系统尺寸趋于无穷大时,相对最大雪崩尺寸趋于1,也就是最大雪崩尺寸趋向于系统的尺寸。在最终雪崩之前,即使对于无限大尺寸的系统来说,前期的一系列雪崩的尺寸也是非常有限的。因此,最后的雪崩的尺寸就可以和系统的尺寸相比拟,也就是说在系统尺寸趋于无穷大时,相对最大雪崩尺寸 Δ_m/N 趋于 1.0。

不同尺寸系统拉伸时的雪崩尺寸分布如图 10-9 所示。为了能够在双对数坐标系中同时清晰地展示不同尺寸系统的雪崩尺寸分布,图中数据沿着纵坐标进行了平移。由于本模型中,应力再分配方式为最近邻应力再分配,雪崩尺寸分布不满足幂率关系。

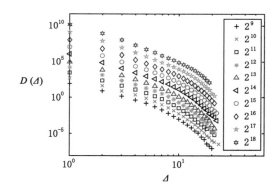

图 10-9　在双对数坐标系中不同尺寸模型的雪崩尺寸分布

从图 10-9 可以看出,不同尺寸下,模型的雪崩尺寸分布具有相似的形态。如果将数据平行于纵坐标进行平移,各尺寸系统对应的雪崩尺寸分布并不能塌缩成一条曲线。这说明雪崩尺寸分布受到了系统尺寸的影响,也就是说最近邻应力再分配下模型的雪崩尺寸分布存在有限尺寸效应。通过对比不同尺寸系统的雪崩尺寸分布情况,可以看出对大尺寸系统进行模拟有助于更细致地分析模型雪崩尺寸分布。

图 10-10(a)给出了不同尺寸的最近邻应力再分配下纤维束模型的负载加载步数随着系统尺寸的变化关系。和平均应力再分配下的结果不同,最近邻应力

再分配下负载加载步数和系统尺寸之间没有近似的线性关系。然而在从插图的双对数坐标系可以看出,负载加载步数和系统尺寸之间存在着幂率关系。同时,幂率关系对应的幂率指数为 0.913±0.008 也进一步表明负载加载步数和系统尺寸之间存在着非线性关系。和平均应力再分配时类似,定义相对负载加载步数为 x/N,图 10-10(b)画出了相对负载加载步数随着系统尺寸的变化关系。随着系统尺寸 N 的增加,相对负载加载步数单调减小,但没有饱和的趋势。插图中,根据标度式对横坐标进行了重新标度,数据塌缩成了直线形式,其中 $\gamma=0.68$。应用简单的外推方法可以看出,在系统尺寸足够大时(没有达到无穷大)相对负载加载步数 x/N 已经趋于 0。可能的原因和临界应力的有限尺寸情况类似,在更大尺寸的系统中,相对负载加载步数与系统尺寸之间应该存在着更加复杂的关系,这有待于对更大尺寸系统的模拟。

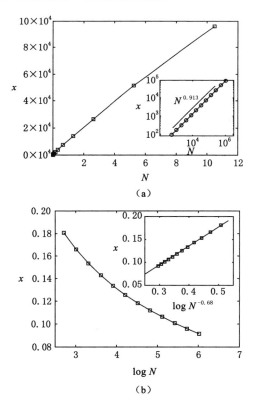

(a)

(b)

图 10-10　负载加载步数和系统尺寸之间具有近似的线性关系

(插图中表示在双对数坐标系下的结果,斜率等于 0.913
表明负载加载步数和系统尺寸之间具有非线性关系)

10.3　分析与讨论

　　本章分析了两种极限负载加载方式下,即平均应力再分配和最近邻应力再分配下经典纤维束模型的有限尺寸效应。纤维的断裂阈值符合均匀分布,模拟尺寸处于 10^9 到 10^{18}。

　　在平均应力再分配下,拉伸断裂过程中,除了宏观断裂点附近,系统尺寸几乎没有对模型的本构曲线产生影响。通过一个简单的幂率关系式可以将临界应力和系统尺寸之间的函数关系塌缩为线性形式。同时,应用简单的外推方法,可以得到在系统尺寸趋于无穷大时,临界应力收敛于 0.250,这和通过解析近似方法得到的结果完全相同。最大雪崩尺寸和负载加载步数与系统尺寸之间近似符合线性关系,另外,通过简单的外推方法可以得到,相对最大雪崩尺寸和相对负载加载步数在系统尺寸趋于无穷大时趋于一个不变值。在统计性质方面,通过一个简单的标度关系可以将雪崩尺寸分布塌缩成相同的函数关系。雪崩尺寸幂率分布随对应的幂率分布指数几乎没有受到有限尺寸效应的影响,但对大尺寸系统进行模拟还是有助于更加精确地确定幂率指数。以上模型各方面性质的有限尺寸效应都反映了模型的拉伸断裂时应力再分配的长程关联性质。因此,对于宏观力学性质和断裂的统计性质来讲,模型并不存在特征尺寸或截断尺寸。

　　在最近邻应力再分配下,拉伸断裂过程中的临界应力和最大应变受到系统尺寸的影响比较明显。和平均应力再分配时类似,最大雪崩尺寸和系统尺寸之间具有近似的线性关系。通过简单的外推方法就可以得到,在系统尺寸足够大时,最大雪崩尺寸趋于系统的尺寸。然而,临界应力和负载加载步数和系统尺寸之间的关系相当复杂,在本书模拟的尺度内,当系统尺寸趋于无穷大时,临界应力和相对负载加载步数没有发现饱和趋势。因此通过简单的外推方法得到系统尺寸趋于无穷大时的可靠结果变得困难。以上关于最近邻应力再分配下纤维束模型的有限尺寸的分析表明系统尺寸和临界应力或负载加载步数之间应该存在着比以上结果更加复杂的函数关系。和其他扩展纤维束模型类似,这里模拟得到的雪崩尺寸分布并不符合幂率关系,同时雪崩尺寸分布也不能使用简单的标度函数进行塌缩。

　　总之,平均应力再分配和最近邻应力再分配下纤维束模型都具有显著的有限尺寸效应。宏观的本构曲线可以通过简单的标度函数塌缩在一起。以上引入的简单的外推方法有助于通过模拟得到大尺寸极限下模型的拉伸断裂性质,更有利于和解析近似的理论结果进行比较。相比较而言,最近邻应力再分配下模型的有限尺寸效应比平均应力再分配时更加复杂同时也充满争议。当然，以上对纤维束模型的有限尺寸效应的分析是建立在对经典纤维束模型的定义基础之上的，对分析结果适用范围的探索和可靠性的证明还需要对更多纤维束模型的模拟研究。

第 11 章　杨氏模量分布的纤维束模型的拉伸断裂过程

　　已有的各种纤维束模型一般假设各纤维具有一定分布形式的断裂阈值,而杨氏模量保持不变。一方面,在各种非均质纤维材料中,不同纤维的杨氏模量可能不同。在建立纤维束模型的早期,Phoenix[168-169]考虑了纤维束的杨氏模量的变化,并构建了具有两个杨氏模量的混合纤维束模型。Karpas 和 Kun[112]假设纤维系统的无序性来源于纤维杨氏模量的随机性,而每根纤维的断裂阈值保持不变。他们引入了在一定范围内满足幂律分布的杨氏模量。通过改变杨氏模量的取值范围及其幂律分布的幂指数发现该系统表现出从完全脆性断裂到准脆性断裂的渡越行为。基于对模型的解析近似分析和数值模拟,发现两种不同纤维组成的混合纤维束模型的断裂强度小于其中每一种纤维单独组成的纤维束的断裂强度。另一方面,在纤维束模型中,纤维的断裂阈值分布也将对模型的拉伸断裂性能产生显著影响[170]。在一定程度上,杨氏模量具有一定的概率分布而断裂阈值保持不变的模型可以看作经典纤维束模型的一种特殊情况,也就是保持杨氏模量恒定而假设断裂阈值具有随机性。

　　在某些天然的纤维材料或人造纤维增强材料[171-173]中,例如竹子[174],由于每种成分纤维的材质和几何尺寸不同,同时纤维中还可能存在各种缺陷和微裂纹,因此断裂阈值和纤维的弹性模量均具有随机分布。为了更好地描述这些混合材料的拉伸断裂性质,本章引入了具有多重杨氏模量和随机分布阈值的纤维束模型。在该模型中,假设纤维的杨氏模量在一定范围内符合幂律分布,并且断裂阈值符合简单的均匀分布。通过解析近似和数值模拟,分析了杨氏模量分布对模型雪崩过程的影响。

11.1　杨氏模量分布的纤维束模型

假设每根纤维的断裂阈值 σ_i，也就是纤维在拉伸过程中应力的最大值是相互独立取值的随机数，且满足均匀分布，其概率分布函数为 p，而相应的累积分布函数可以表示为

$$P(\sigma_i)=\int_0^{\sigma_i} p(x)\mathrm{d}x \tag{11-1}$$

其中

$$P(\sigma)=\begin{cases} \sigma & 0\leqslant\sigma\leqslant 1 \\ 1 & \sigma>1 \end{cases} \tag{11-2}$$

也就是说断裂阈值满足 0 和 1 之间的均匀分布。

由于本章主要是从理论上分析杨氏模量分布对扩展纤维束模型拉伸断裂性质的影响，对杨氏模量分布的选取参考文献[112]中的对阈值分布的选取方法。假设杨氏模量的分布函数满足以下的函数式

$$p'(E)=CE^{-\alpha} \tag{11-3}$$

其中，杨氏模量的取值范围为 $[E_{\min},1]$。因此，这里杨氏模量取值的影响因素就有两个，一个是幂指数 α，一个是最小杨氏模量的取值 $E_{\min}$。显然，当 $\alpha=0$ 或者 $E_{\min}=1$ 时，杨氏模量不变化，模型回归到经典纤维束模型。在方程中，C 是归一化常数，根据分布函数的归一化，C 的取值为

$$C=-\frac{1}{\ln E_{\min}} \quad (\alpha=1) \tag{11-4}$$

或者

$$C=\frac{1-\alpha}{1-E_{\min}^{1-\alpha}} \quad (\alpha\neq 1) \tag{11-5}$$

因此，杨氏模量的分布函数可以表示为

$$p'(E)=-\frac{1}{\ln E_{\min}}E^{-1} \quad (\alpha=1) \tag{11-6}$$

或者

$$p'(E)=\frac{1-\alpha}{1-E_{\min}^{1-\alpha}}E^{-\alpha} \quad (\alpha\neq 1) \tag{11-7}$$

和经典纤维束模型类似，模型在应力控制型准静态负载加载方式下进行拉伸。在拉伸过程中，断裂纤维所释放出来的负载在所有未断裂纤维中进行分配。具体的应力再分配方式类似于平均应力再分配，断裂纤维释放的应力分配给所有未断裂纤维，各纤维保持应变增加量相同，每根纤维增加的应力与其杨氏模量成正

比。当然,当各纤维的杨氏模量取值完全相同时,本模型回归到经典纤维束模型。

11.2　模型的解析近似分析

一般情况下,平均应力再分配下的经典纤维束模型可以通过解析方法进行分析。对平均应力再分配的纤维束模型来说,拉伸过程中的本构关系可以表示为

$$f(\varepsilon) = F/N = E\varepsilon[1 - P(E\varepsilon)] \tag{11-8}$$

其中 $P(E\varepsilon)$ 表示纤维断裂阈值的累积分布函数,E 则是杨氏模量,在经典纤维束模型中,一般取杨氏模量 $E=1$。因此本构关系可以表示为

$$f(\varepsilon) = F/N = \varepsilon[1 - P(\varepsilon)] \tag{11-9}$$

而在本章杨氏模量改变的纤维束模型中,杨氏模量的分布函数为 $p'(E)$,其分布区间为 $[E_{\min}, 1]$。因此,本构关系可以相应表示为

$$f(\varepsilon) = \int_{E_{\min}}^{1} E\varepsilon[1 - P(E\varepsilon)]p'(E)\mathrm{d}E \tag{11-10}$$

其中,p' 为杨氏模量的分布函数,P 为阈值分布的累积分布函数。

将上边杨氏模量的分布函数和阈值的累积分布函数带入式(11-8)后,当 $\alpha = 1$ 时本构关系可以表示为

$$f(\varepsilon) = F/N = -\frac{\varepsilon}{\ln E_{\min}}\left[\left(1 - \frac{\varepsilon}{2}\right) - \left(E_{\min} - \frac{\varepsilon}{2}E_{\min}^{2}\right)\right] \tag{11-11}$$

当 $\alpha = 2$ 时,本构关系可以表示为

$$f(\varepsilon) = F/N = \frac{\varepsilon}{1 - E_{\min}^{-1}}(\ln E_{\min} + \varepsilon - \varepsilon E_{\min}) \tag{11-12}$$

当 $\alpha = 3$ 时,本构关系可以表示为

$$f(\varepsilon) = F/N = \frac{2\varepsilon}{1 - E_{\min}^{-2}}(1 - E_{\min}^{-1} - \varepsilon\ln E_{\min}) \tag{11-13}$$

当 $\alpha \neq 1, 2, 3$ 时,也就是 α 取一般值,本构关系可以表示为

$$f(\varepsilon) = F/N = \frac{\varepsilon(1-\alpha)}{1 - E_{\min}^{1-\alpha}}\left[\frac{1}{2-\alpha}(1 - E_{\min}^{2-\alpha}) - \frac{\varepsilon}{3-\alpha}(1 - E_{\min}^{3-\alpha})\right]$$

$$\tag{11-14}$$

本章定义的纤维束模型中的每一根纤维都是脆性纤维,整体拉伸过程中,本构关系应该是单峰的曲线。临界应力和临界应变对应了曲线的峰值,因此,上式中对应力、应变取一阶导数,一阶导数为零,就可以求出临界应变和临界应力。在 $\alpha = 1$ 时,

$$\varepsilon_c = \frac{1}{1 + E_{\min}} \tag{11-15}$$

$$\sigma_c = -\frac{1 - E_{\min}}{2\ln E_{\min}(1 + E_{\min})} \tag{11-16}$$

当 $\alpha = 2$ 时,临界应变和临界应力可以表示为

$$\varepsilon_c = \frac{\ln E_{\min}}{2(E_{\min} - 1)} \tag{11-17}$$

$$\sigma_c = \frac{E_{\min}(\ln E_{\min})^2}{4(E_{\min} - 1)^2} \tag{11-18}$$

而当 $\alpha = 3$ 时,临界应变和临界应力可以表示为

$$\varepsilon_c = \frac{E_{\min} - 1}{2E_{\min}\ln E_{\min}} \tag{11-19}$$

$$\sigma_c = \frac{E_{\min} - 1}{2\ln E_{\min}(E_{\min} + 1)} \tag{11-20}$$

当 $\alpha \neq 1,2,3$,具有一般取值时,临界应变和临界应力可以表示为

$$\varepsilon_c = \frac{(3 - \alpha)(1 - E_{\min}^{2-\alpha})}{2(2 - \alpha)(1 - E_{\min}^{3-\alpha})} \tag{11-21}$$

$$\sigma_c = \frac{(1 - \alpha)(3 - \alpha)(1 - E_{\min}^{2-\alpha})^2}{4(2 - \alpha)^2(1 - E_{\min}^{1-\alpha})(1 - E_{\min}^{3-\alpha})} \tag{11-22}$$

模型在准静态拉伸断裂过程中的应力-应变关系曲线可以通过求解方程式 (11-11)~(11-14)得到,在各参数下发生宏观断裂所对应的临界应变和临界应力可以通过式(11-15)~(11-22)计算得到,通过解析计算得到的这一些力学性质可以和数值模拟结果进行比较。

在微观上,雪崩尺寸分布可以反映材料的微观断裂机制,对纤维束模型,雪崩尺寸分布的解析理论可以参照 Hidalgo 等[100]在分析连续损伤纤维束模型时使用的解析近似方法。对平均应力再分配下的经典纤维束模型,Hemmer 和 Hansen[53,62]给出了准静态负载加载过程中雪崩尺寸 Δ 对应的概率密度函数

$$D(\Delta) = \frac{\Delta^{\Delta-1}}{\Delta!}\int_0^{\varepsilon_m} \langle p(E\varepsilon)\rangle(1 - a_\varepsilon)a_\varepsilon^{\Delta-1}e^{-a_\varepsilon\Delta}\mathrm{d}\varepsilon \tag{11-23}$$

其中,a_ε 是在系统的应变 ε 改变无限小量时引起的纤维的平均断裂比例;ε 表示纤维束的宏观应变取值;ε_m 表示在拉伸断裂过程中的最大应变,也就是在纤维束发生宏观整体断裂时所对应的应变值;$p(E\varepsilon)$ 是应变为 ε 时一根纤维发生断裂的概率密度,因此在应变为 ε 时,一根纤维发生断裂的平均概率密度为

$$\langle p(E\varepsilon)\rangle = \langle\frac{\mathrm{d}}{\mathrm{d}\varepsilon}P(E\varepsilon)\rangle = \int_{E_{\min}}^1 \frac{\mathrm{d}}{\mathrm{d}\varepsilon}(E\varepsilon)\mathrm{d}E = \int_{E_{\min}}^1 Ep'(E)\mathrm{d}E = \overline{E} \tag{11-24}$$

其中 $\overline{E}$ 表示纤维束的平均杨氏模量。将杨氏模量的分布函数代入式(11-24)中,当 $\alpha = 1$ 时

$$\overline{E} = -\frac{1}{\ln E_{\min}}(1 - E_{\min}) \tag{11-25}$$

当 $\alpha = 2$ 时

$$\overline{E} = \frac{\ln E_{\min}}{1 - E_{\min}^{-1}} \tag{11-26}$$

当 α 取其他值时

$$\overline{E} = -\frac{(1-\alpha)}{(2-\alpha)(1 - E_{\min}^{1-\alpha})}(1 - E_{\min}^{2-\alpha}) \tag{11-27}$$

一根纤维断裂后,具有杨氏模量为 E 的纤维发生断裂释放的应力为 $\delta f' = E\varepsilon$,平均来说,断裂纤维能够释放的应力可以表示为

$$\delta f = \int_{E_{\min}}^{1} E\varepsilon\, p'(E)\mathrm{d}E = \overline{E}\varepsilon \tag{11-28}$$

释放的应力将在尚未断裂的纤维中进行重新分配,也就是释放的应力按照增加相同的应变的方式在剩余纤维中进行再分配。根据整体杨氏模量的表达式,释放应力的再分配将会引起剩余纤维的应变增加,应变的增加量可以表示为

$$\delta\varepsilon = \frac{\delta f}{Y(\varepsilon)} = \frac{\overline{E}\varepsilon}{Y(\varepsilon)} \tag{11-29}$$

其中 $Y(\varepsilon)$ 为系统应变取值为 ε 时,系统整体的有效杨氏模量,其数值可以根据系统满足简单的弹性定律得到

$$f = Y(\varepsilon)\varepsilon \tag{11-30}$$

因此,在系统的应变为 ε 时,一根纤维断裂后,能够引起另外一根纤维接着断裂的总概率可以表示为

$$p_{\mathrm{tot}}(\varepsilon) = \langle p(E\varepsilon)\rangle\delta\varepsilon = \frac{\overline{E}^2\varepsilon}{Y(\varepsilon)} \tag{11-31}$$

实际上,这个表达式是公式中 a_ε 的另外一种表示形式。因此,代入式(11-23)就可以得到任意雪崩尺寸 Δ 所对应的分布函数 $D(\Delta)$ 的取值,通过数值积分就能够得到模型在该参数条件下的雪崩尺寸分布情况。

当 $\alpha = 1$ 时,为了计算方便,根据 $a(\varepsilon)$ 的表达式,公式中的变量 ε 可以转换为 $a(\varepsilon)$,这样公式就可以表示为:

$$D(\Delta) = \frac{\Delta^{\Delta-1}}{\Delta!}\int_0^{a_{\varepsilon m}} (1 - a_\varepsilon)a_\varepsilon^{\Delta-1}\mathrm{e}^{-a_\varepsilon\Delta}\frac{(E_{\min}-1)^2}{\left[(E_{\min}-1)+\frac{1}{2}a_\varepsilon \ln E_{\min}(E_{\min}+1)\right]^2}\mathrm{d}a_\varepsilon \tag{11-32}$$

其中 a_ε 可以表示为:

$$a_\varepsilon = \frac{(1-E_{\min})^2\varepsilon}{\ln E_{\min}\left[(E_{\min} - \frac{\varepsilon}{2}E_{\min}^2) - (1 - \frac{\varepsilon}{2})\right]} \tag{11-33}$$

在系统出现宏观断裂时,ε 取最大值,相应地 a_ε 的最大值可以表示为:

$$a_{\varepsilon m} = \frac{2(E_{\min} - 1)}{\ln E_{\min}(E_{\min} + 1)} \tag{11-34}$$

当纤维束模型的整个断裂过程完成后,ε 的最大值可以由公式确定。在本章对杨氏模量分布的纤维束模型来说,$E_{\min}$ 的取值变化范围是从 0.1 到 0.9。当 ε 的变化范围从 0 到 $\varepsilon_c = (1 + E_{\min})^{-1}$ 时,a_ε 的取值接近于 1。在实际确定断裂过程中的雪崩尺寸分布时,雪崩尺寸的大小近似满足 $\Delta \gg 1$。在 Δ 的取值远大于 1 时,可以利用 Stirling 近似方法,将 Δ 的阶乘作如下的近似:

$$\Delta! \approx \sqrt{2\pi\Delta}\Delta^\Delta e^{-\Delta} \tag{11-35}$$

相应地,雪崩尺寸分布函数 $D(\Delta)$ 可以近似为:

$$D(\Delta) = \frac{\Delta^{-\frac{3}{2}}}{\sqrt{2\pi}} \int_0^{a_{\varepsilon m}} \frac{(1 - a_\varepsilon)}{a_\varepsilon} e^{\Delta(1 - a_\varepsilon + \ln a_\varepsilon)} \frac{(E_{\min} - 1)^2}{\left[(E_{\min} - 1) + \frac{1}{2}a_\varepsilon \ln E_{\min}(E_{\min} + 1)\right]^2} da_\varepsilon \tag{11-36}$$

在拉伸断裂的整个过程中,对于不同 $E_{\min}$ 的取值,a_ε 的取值小于 1 并且接近于 1。进行以上近似后,雪崩尺寸分布表达式可以近似化简为:

$$D(\Delta) \propto \Delta^{-\frac{5}{2}} F(a_\varepsilon) \tag{11-37}$$

其中,

$$F(a_\varepsilon) = \frac{1}{\sqrt{2\pi}} \int_0^{a_{\varepsilon m}} \frac{(1 - a_\varepsilon)}{a_\varepsilon} \frac{(E_{\min} - 1)^2}{\left[(E_{\min} - 1) + \frac{1}{2}a_\varepsilon \ln E_{\min}(E_{\min} + 1)\right]^2} da_\varepsilon \tag{11-38}$$

这里 $F(a_\varepsilon)$ 并不显含雪崩尺寸大小 Δ,因此,杨氏模量分布的纤维束模型在拉伸断裂过程中的雪崩尺寸分布和经典纤维束模型类似,很好地符合幂率分布,对应的幂指数为 $-5/2$。

在模拟中,模型的基本定义和解析近似推导中的定义相同。对平均应力再分配下的模型来说,模型维数对模拟结果没有影响。因此,为了简单起见以下模型选用一维模型,纤维束两端用刚性夹板夹持并拉伸。采用准静态负载加载方式,即每次负载仅加载到使得最弱的一根未断裂纤维出现断裂。应力再分配方式为广域应力再分配,即断裂纤维释放的应力在所有未断纤维中分配,保持每根未断裂纤维的应变增加量相同。最终,在整个纤维束发生宏观断裂后,记录纤维断裂过程的宏观力学性质和断裂的统计性质,例如宏观的应力-应变关系和每一次负载加载所对应的雪崩尺寸。为了得到可靠的结果,模型的尺寸选择为 $N = 100\,000$,以下分析的结果是至少 $50\,000$ 次模拟结果的系综平均。

11.3 杨氏模量最小值 $E_{\min}$ 对拉伸断裂过程的影响

首先考虑杨氏模量最小值 $E_{\min}$，也就是杨氏模量的分布范围对模型拉伸断裂过程的影响。为了单独分析杨氏模量最小值 $E_{\min}$ 的影响，需要将幂指数 α 的大小进行固定。根据文献中对这一分布的研究，同时根据数值模拟测试的情况，选择 $\alpha=1$，然后考虑 $E_{\min}$ 在 0.1 到 1 之间进行变化，具体 $E_{\min}$ 取值对杨氏模量分布的影响如图 11-1 所示。在图中横坐标为杨氏模量的取值，纵坐标为其概率分布函数，每条分布曲线下面所包围的面积都应该等于 1，这是归一化条件的要求。当 $E_{\min}$ 的取值较小时，杨氏模量分布差异较大，较小杨氏模量更容易出现，而具有较大杨氏模量的纤维出现的概率较小。在不同 $E_{\min}$ 下，最小杨氏模量对应的概率密度取值具有类似二次函数的形式。在 $E_{\min}=0.4$ 左右时，取值出现最小值，这可能暗示了在 $E_{\min}=0.4$ 左右两侧，系统可能出现不同的拉伸断裂性质。当 $E_{\min}$ 取值大于 0.5 时，不同杨氏模量取值出现的概率差异变得越来越小，杨氏模量的分布更接近于均匀。由于杨氏模量的绝对值对于纤维束模型没有实质的意义，当纤维的杨氏模量趋于均匀时，纤维束模型趋向于经典纤维束模型。理论上等 $E_{\min}=1$ 时，模型就能够回归到经典纤维束模型。

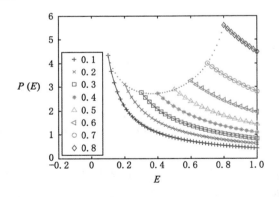

图 11-1 $\alpha=1$ 时，不同 $E_{\min}$ 取值下杨氏模量分布的示意图

应力-应变关系可以直观地描述材料宏观的拉伸断裂性质，如图 11-2 所示，表示出了 $E_{\min}$ 从 0.1 到 0.9 变化时模型的应力-应变关系。从图中可以看出，模型宏观上依然保持了脆性断裂性质，在应力或应变达到一定值时，整个纤维束发生较明显的瞬间断裂。从图中可以看出，在发生宏观断裂时，应力-应变曲线并不是严格地平行于纵轴的直线，表现出来一定的非脆性性质。但是这并不能说

是系统出现了非脆性断裂性质,这是因为图中的曲线都是上万次模拟的平均结果,表面上的非脆性实际上是系综平均的结果。最小杨氏模量取值 $E_{\min}$ 没有对应力-应变曲线的形状产生明显的影响,这说明,$E_{\min}$ 对模型的宏观断裂性质没有产生影响。随着 $E_{\min}$ 的增加,发生宏观断裂所对应的临界应变单调减小,在 $E_{\min}$ 较大时,系统整体的平均杨氏模量随之增加,在纤维断裂阈值不变的情况下,发生断裂的相应临界应变则会随之减小。同时,随着 $E_{\min}$ 的增加,杨氏模量的分布发生了显著变化,这表现在较小杨氏模量的占比非单调变化,即最小杨氏模量的比例先减小后增加,仅杨氏模量的平均值出现单调增加。此时最大应变单调降低,说明平均杨氏模量比杨氏模量的分布对最大应变的影响更大。另外,在 $E_{\min}$ 取值为 0.9 时,不管是系统的最大负载还是发生宏观断裂时的临界应变都接近于经典纤维束模型的取值,说明此时的模型性质非常接近于经典纤维束模型,在 $E_{\min}$ 取值趋于 1 时,系统能够趋近于经典纤维束模型。

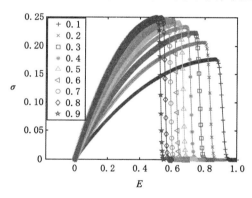

图 11-2　不同 $E_{\min}$ 取值下,模型的应力-应变关系

　　临界应力随着杨氏模量最小值 $E_{\min}$ 的变化关系如图 11-3 所示,图中"△"和"□"表示 $\alpha = 1$ 和 2 时的数值模拟结果,实线表示相应的解析结果。可以看出,在 $\alpha = 1$ 时,解析结果和模拟结果几乎完全一致,差别可以忽略不计。随着 $E_{\min}$ 的增加,临界应力的取值也单调增加。表面上,$E_{\min}$ 变化时,各纤维的断裂阈值保持不变,系统整体断裂的临界应力也应该基本保持不变,但模拟结果却显示,断裂临界应力随着 $E_{\min}$ 的增加单调增加。这背后的原因是,杨氏模量的最小取值 $E_{\min}$ 较小时,不同纤维的杨氏模量的变化范围较大。有相当比例的纤维具有较小的杨氏模量,在准静态负载加载过程中,在每次系统达到平衡后,拉伸使系统再断裂一根纤维所需要加载的应变较大,相应地在其他没有断裂的纤维上就施加了更大的负载,因此更加容易引起其他纤维的断裂,最终的结果就是使得整

个系统更容易发生断裂。而在 $E_{\min}$ 接近于 1 时,系统的杨氏模量的变化范围较小,接近于经典纤维束模型的假设,因此系统发生整体断裂所对应的临界应力就接近于经典纤维束模型的理论结果 0.25。图中可以看出,在 $E_{\min}$ 较小时,主要是 $E_{\min}$ 小于 0.4 时,$E_{\min}$ 的取值对临界应力的影响较明显,这也说明越小的 $E_{\min}$ 对整个系统承担负载能力的影响越明显。而当 $E_{\min}$ 较大时,则出现了饱和的趋势,从理论分析可以说明,在 $E_{\min}$ 无限趋近于 1 时,系统中纤维的杨氏模量都趋于 1,此时系统无限趋近于经典纤维束模型,因此临界应力也应该趋近于经典纤维束模型的取值 0.25,关系曲线必然会出现饱和。当 $\alpha=2$ 且 $E_{\min}$ 的取值较小时,数值模拟结果与解析理论结果之间存在着较明显的差异,而当 $E_{\min}$ 较大时,该差异逐渐消失。同时,α 对模型临界应力的影响也消失了。

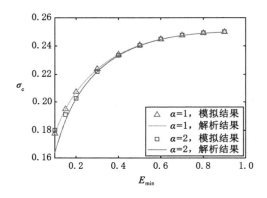

图 11-3 $\alpha=1$ 和 $\alpha=2$ 时系统临界应力随最小杨氏模量 $E_{\min}$ 的变化

在拉伸断裂过程中,雪崩尺寸统计分布可以反映出模型的断裂统计性质。解析和模拟得到的模型的雪崩尺寸分布情况如图 11-4 所示,在图中各种形状的离散数据点表示模拟结果,实线表示解析结果。从图中可以看出,不管是数值模拟结果还是解析结果,都显示雪崩尺寸分布可以很好地符合幂率分布

$$D(\Delta) \sim \Delta^{-\gamma} \tag{11-39}$$

在解析结果中,不管 $E_{\min}$ 取值如何,幂率指数 $\gamma=2.50$。而对于数值模拟结果,在 $E_{\min}=0.1$ 时 $\gamma=2.59\pm0.04$,在 $E_{\min}=0.9$ 时 $\gamma=2.62\pm0.04$。在模拟结果中,不同的 $E_{\min}$ 取值下,雪崩尺寸分布的幂律指数仅有细微的差异。而且本模型的雪崩尺寸分布结果和其他平均应力再分配下的纤维束模型的雪崩尺寸分布结果相似,都符合幂率分布,只是幂率分布指数有少许差异。这应该是因为杨氏模量的分布在模型中引入了新的随机性造成的。在不同的最小杨氏模量

$E_{\min}$ 的取值下,解析结果中雪崩尺寸的幂率分布指数没有变化,且和经典纤维束模型相同。这一结果进一步表明,公式中 $F(a_{\varepsilon})$ 对雪崩尺寸分布的影响可以忽略不计。另一方面,从以上解析理论结果也可以看出,最小杨氏模量 $E_{\min}$ 没有对模型的雪崩尺寸分布产生可观的影响。

基于已有的大量对各种扩展纤维束模型的研究工作,进行分析对比可以发现,纤维特有的断裂性质,例如各种非脆性断裂性质[175]对模型的雪崩尺寸分布会产生显著的影响,而纤维束中各纤维的断裂阈值分布形式,例如缺陷[157]则不会对雪崩尺寸分布产生影响。当然,和预期的一样,解析近似得到的雪崩尺寸分布和数值模拟结果吻合得很好,仅有约 4% 的数值差异。尚存在的差异是在数值模拟结果中,当雪崩尺寸取值较大时,数据出现发散的趋势。这是因为对不同次模拟,由于模型的随机性,尺寸不同的较大尺寸的雪崩出现的概率反而相同,在进行系综平均后,数据就出现了发散的趋势。理论上,当模拟系统的尺寸足够大,同时模拟的次数足够多,双对数坐标系中雪崩尺寸分布的数据能更好地落在一条直线上,且与解析结果吻合得足够好。

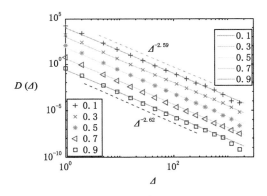

图 11-4　杨氏模量分布的纤维束模型的雪崩尺寸分布

(离散的数据点表示模拟结果实线表示解析结果。

图中,虚线表示幂指数为 2.59 和 2.62 的幂律分布)

在拉伸断裂过程中的最大雪崩尺寸能够反映雪崩过程的集中程度,模型的最大雪崩尺寸随着 $E_{\min}$ 的变化关系如图 11-5 所示,另外一个坐标表示了负载加载次数随着 $E_{\min}$ 的变化关系。从图中可以看出,随着 $E_{\min}$ 的增加,最大雪崩尺寸单调减小,从 0.7 倍的纤维束总尺寸减小到系统尺寸的一半。当 $E_{\min}=0.9$,或者 $E_{\min}$接近于 1 时,最大雪崩尺寸接近于系统尺寸的一半,趋向于经典纤维束模型的结果[158]。另一方面,图 11-5 刻画了负载加载步数随着 $E_{\min}$ 的变化关系。图中可以看出,负载加载步数随着 $E_{\min}$ 的增大而单调增加,最终,在 $E_{\min}$ 增大到 0.9 时,模型的负载加载步数趋近于经典纤维束模型的结果。因此,当 $E_{\min}=0.9$ 时,不管是最大雪崩尺寸还是负载加载步数都可以很好地趋向于经典纤维束模型的结果。在 $E_{\min}$ 取值较小时,随着 $E_{\min}$ 的增大,最大雪崩尺寸减小比较明显,而等 $E_{\min}$ 较大时,或者说 $E_{\min}$ 大于 0.5 以后,最大雪崩尺寸随着 $E_{\min}$ 的变化趋于饱和,这和临界应力随着 $E_{\min}$ 的变化趋势相似。在 $E_{\min}$ 取值较小时,不像杨氏模量的分布差异较大,此时,最大雪崩尺寸较大,接近于系统的尺寸,而负载加载步数相应较小。这说明,当系统纤维杨氏模量的差异较大时,系统的雪崩过程更加迅速,雪崩发生地更加集中。这表明当杨氏模量的差异较大时,系统在经历较少的负载加载步数或较少的小尺寸雪崩后就能够出现最终的大尺寸雪崩。或者说,系统的承载能力下降了,使得系统更容易出现最终的宏观断裂。

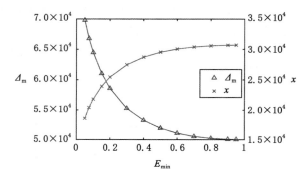

图 11-5　模型拉伸断裂过程中的最大雪崩尺寸和负载
加载步数随着最小杨氏模量 $E_{\min}$ 的变化关系

11.4　幂指数 α 的变化对模型拉伸断裂过程的影响

前面分析了最小杨氏模量 $E_{\min}$ 对模型断裂性质的影响,接下来看模型的另外一个影响因素,也就是杨氏模量幂律分布的幂指数 α,幂指数 α 的取值能够显著影响杨氏模量的分布形式。从以上分析可以看出,杨氏模量的分布能够显著影响模型的拉伸断裂过程。为了更好地分析 α 对模型拉伸断裂过程的影响,需要将 $E_{\min}$ 取固定值。从以上的分析可以发现当 $E_{\min}$ 取值较大,特别是 $E_{\min}$ 取值接近于 1 时,模型的拉伸断裂过程接近于经典纤维束模型。因此为了能够更好地体现杨氏模量分布对模型的影响,$E_{\min}$ 的取值不能太大,以下模拟分析取 $E_{\min}=0.1$,α 的变化范围为 0.1 到 10 之间。

在 α 取值不同时,杨氏模量的分布会受到显著影响。为了更直观地表示杨氏模量的分布情况,在图 11-6 画出了杨氏模量的分布图。从图中可以看出,杨氏模量的分布曲线都集中在横坐标和纵坐标附近。出现这种分布的原因是,当 α 取值较大时,杨氏模量的幂律分布函数具有较大的幂指数,此时随着杨氏模量 E 的增加,其分布函数急剧减小。再根据概率分布的归一化,理论上图中分布曲线下边覆盖的总面积应该始终等于 1。因此,在杨氏模量 E 取值较小时,p (E)的取值很大。为了更直观地描述杨氏模量的分布情况,将图中纵坐标改为对数坐标,如图 11-6 中插图所示。随着 α 的增大,杨氏模量分布函数取值随 E 的变化更加显著。在 α 取值较大时,绝大多数纤维的杨氏模量的取值都很小,杨氏模量取值接近于 1 的纤维几乎可以忽略不计。虽然在自然界中,这种极度不均匀的材料几乎不会出现,但对这种极端条件的分析具有重要的理论意义。相比杨氏模量的最小取值 $E_{\min}$ 来说,幂律分布指数 α 对杨氏模量分布的影响更加显著。

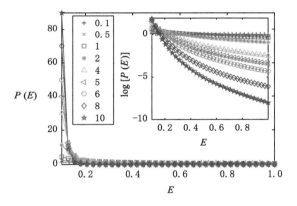

图 11-6　不同幂指数 α 取值下,杨氏模量分布图示,
插图为半对数坐标系中的结果

在不同的幂律指数 α 的取值下,模型纤维的杨氏模量的分布情况受到显著影响,这必将对模型拉伸断裂过程中的宏观应力-应变关系产生影响。从图 11-7 中可以看出,在不同的幂指数 α 取值下,系统的应力-应变关系都具有类似于经典脆性系统的应力-应变曲线。随着 α 的增加,较小杨氏模量的比例随之增加,相应地较大杨氏模量取值出现的概率减小,因此,平均杨氏模量单调减小。因此在系统的力学性质方面,虽然各纤维的断裂阈值没有发生变化,随着 α 的增加,系统发生宏观断裂时对应的临界应变随之单调增加。在不同的 α 取值下,各本构曲线可以分成两簇,分界线大约处于 $\alpha=2$。在 α 小于 1 时,临界应变随着 α 的变化不明显。在 α 的取值大于 4 以后,变化也不太大,而在 α 的取值在 1 到 4 之间时,临界应变的变化非常显著。从本构关系可以看出,杨氏模量的幂率分布

指数对纤维束模型断裂的力学性质产生了较复杂的影响。

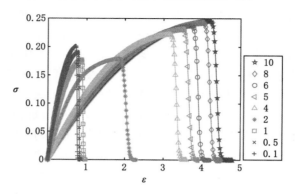

图 11-7　不同幂指数 α 取值下模型拉伸
断裂过程中的应力-应变关系

　　在杨氏模量分布的幂指数 α 改变时，系统宏观断裂时的临界应力随着 α 的变化是非单调的，具体关系如图 11-8 所示。图中，同时画出了 $E_{\min}=0.1$，$E_{\min}=0.2$ 和 $E_{\min}=0.3$ 的解析近似结果和数值模拟结果。和 $\alpha=2$ 的本构曲线将其他本构曲线分成了两个簇群对应，在 $\alpha=2$ 时，临界应力出现最小值。

　　从图 11-8 中可以清晰地看出，临界应力随着 α 的变化关系是非单调的，在不同的 α 取值下，杨氏模量的变化范围完全相同，都处于 $[0.1,1]$，所有纤维的断裂阈值也没有改变，而宏观断裂对应临界应力却发生了显著变化，说明杨氏模量的分布对模型宏观力学性质有显著的影响。在 α 的取值较大时，临界应力的变化趋于饱和，可以预见，在 α 取值极大时，临界应力趋于 0.25，整个经典纤维束模型的结果相似。出现这一结果的原因是，在 α 取值很大时，杨氏模量的分布极度不均匀，分布函数随着杨氏模量 E 的增加衰减非常快，而杨氏模量取最小值附近的概率则接近于 1。此时，绝大部分纤维的杨氏模量都取 0.1 附近，也可以看成模型接近于杨氏模量为常数的情况，不同的是，经典纤维束模型的杨氏模量假设为 1，而这里绝大部分纤维的杨氏模量趋近于 0.1。由于以上两种情况下，纤维的断裂阈值分布相同，杨氏模量取值的不同只会显著改变系统宏观断裂对应的临界应变，而不会改变临界应力，所以在 α 取值较大时，临界应力和经典纤维束模型相似。

　　从图 11-8 中可以看出，数值模拟结果和解析结果随着指数 α 的变化关系是一致的。在 α 取值较小和 α 取值较大时，数值模拟结果和解析结果吻合得很好，在 α 的取值为中等取值时，两者差别明显。对于数值模拟结果来说，在 α 取 1.5 左右时出现最小值，说明在此时系统的强度最小。而对于解析近似结果来说，则

是在 α 取 2.0 左右时出现最小值。在 α 取值较小时,杨氏模量分布的指数衰减
较缓慢,具有较大杨氏模量的纤维相对较多,这有利于在数值模拟中,在有限大
小的纤维束中取样能够很好地符合理论上的指数分布,因此理论结果和数值模
拟结果能够很好地吻合。当 α 增大后,杨氏模量分布的指数衰减较快,具有较大
杨氏模量纤维的比例较小,对数值模拟来说,在有限大小的纤维束模型中,通过
随机数取样得到的杨氏模量不能完全符合理论分布,具有较大杨氏模量的纤维
由于所占比例比较小,取样时容易被漏掉,使得数值模拟结果和解析结果之间具
有较明显的差异。随着 α 的增大,杨氏模量分布的衰减速度越来越快,相应地具
有较大杨氏模量的纤维所占的比例也越小。由于数值模拟中,会丢失部分具有
较大杨氏模量的纤维数据,因此数值模拟结果对应了 α 更大时的理论结果。而
当 α 取值接近于 10 时,杨氏模量分布的指数衰减非常迅速,杨氏模量较大的纤
维所占的比例几乎可以忽略不计,此时具有较大杨氏模量的纤维太少,对整个纤
维束断裂阈值产生的影响几乎可以忽略不计,因此,数值模拟结果和解析结果能
够吻合得比较好。而且从图 11-8 中可以看出,α 取值在此区域时,随着 α 的增
加,数值模拟结果和解析结果吻合得越来越好。

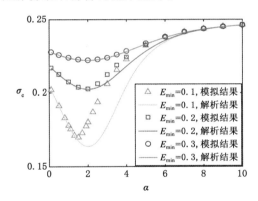

图 11-8　在不同 α 取值下,
系统发生宏观断裂时临界应力随着 α 的变化关系

　　模型在拉伸断裂过程中的雪崩尺寸分布如图 11-9 所示,图中是双对数坐
标。从图中可以看出,雪崩尺寸分布接近于式(11-39)形式的幂律分布。在 α 取
值较小和 α 取值加大时,幂律分布指数接近于公式(11-39),说明此时模型的雪
崩尺寸分布接近于经典纤维束模型。而当 $\alpha=2$ 时,雪崩尺寸分布和幂律分布差
距较明显,说明此时模型的性质受到 α 的影响较明显,这和临界应力随着 α 的变
化可以相互验证,说明 α 的取值在 1.5 左右时,模型表现出显著不同的宏观力学

性质和断裂的统计性质。

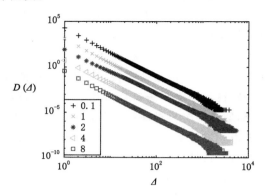

图 11-9　不同幂律指数 α 取值下,模型的雪崩尺寸分布

在拉伸断裂过程中,反映系统雪崩过程中雪崩集中程度的物理量最大雪崩尺寸随着 α 的变化关系比较复杂,如图 11-10 所示。α 在 0.1 到 1.5 之间变化时,最大雪崩尺寸随着 α 的增加而增加,在 $\alpha=1.5$ 附近,最大雪崩尺寸达到最大值。然后随着 α 的增加最大雪崩尺寸断崖式下降。在 $\alpha>2$ 的范围内最大雪崩尺寸随着 α 的变化几乎没有变化。而 α 的变化范围在 1.5 到 2 之间,最大雪崩尺寸的变化非常剧烈,这在临界应力和雪崩尺寸分布随 α 的变化中也有所体现。最大雪崩尺寸在 α 处于 1.5 到 2 之间的巨变反映了此时模型出现了特殊的变化,这可能类似某种相变现象。

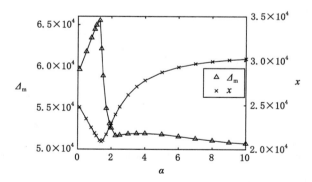

图 11-10　系统的最大雪崩尺寸和负载加载步数随着 α 的变化关系

负载加载步数则反映了系统在拉伸断裂过程中的弛豫过程。图 11-10 展示了在 α 的变化范围为 0.1 到 10 之间时负载加载步数随着 α 的变化关系。可以看出,对应雪崩尺寸分布出现巨变的区域,负载加载步数出现了极小值。进一步

说明 α 的取值在 1.5 到 2.0 之间模型显示出特殊的性质。在 α 大于 5 之后,负载加载步数的变化比较小,出现了饱和的趋势,此时,杨氏模量取值都非常小,具有较大杨氏模量纤维可以忽略不计,模型接近于经典纤维束模型。

在 $E_{\min}=0.1$ 的情况下,改变 α 的取值将直接改变模型中纤维杨氏模量的分布。随着 α 的增加,纤维的杨氏模量在整体上变得越来越不均匀,这将延迟负载加载过程中纤维束的断裂过程。另一方面,随着 α 的增加,具有较小杨氏模量的纤维的比例迅速增加,并且该部分纤维的分布变得越来越集中,这又加速了最终的断裂过程。在上述两个因素的综合影响下,最大雪崩尺寸和负载加载步数在 α 取值为 1.5 到 2 之间时都显示出复杂的巨变。当 α 的值大于 4 时,杨氏模量分布足够不均匀,此时以上两种机制尚不明显。因此,无论负载加载步数还是最大雪崩尺寸都趋于不变。

11.5　分析与讨论

为描述各种混合纤维状材料的拉伸断裂性质,本章引入了杨氏模量分布的纤维束模型,该模型是在经典纤维束模型的基础上,考虑杨氏模量不再是常量,而是呈幂指数分布。在该模型中,假设杨氏模量在 $[E_{\min},1]$ 之间呈幂指数分布,因此,主要影响参量为最小杨氏模量 $E_{\min}$ 和幂指数 α。在研究 $E_{\min}$ 的影响时,固定 $\alpha=1$,而在研究 α 的影响时,则固定 $E_{\min}=0.1$。

改变 $E_{\min}$ 的取值,表面上只是改变了杨氏模量的分布范围,实质上同时改变了杨氏模量分布的非均匀程度。理论和数值模拟分析均显示,纤维束拉伸断裂过程中宏观力学性质和统计性质的主要影响因素是杨氏模量的不均匀性,而不是特定的取值。随着 $E_{\min}$ 的增加,杨氏模量变得更加均匀一致,理论上该模型更接近于经典纤维束模型,这已在模拟和解析结果中得到了证实。当值 $E_{\min}$ 较小时,杨氏模量的差异较大,并且分布更加不均匀。同时,整个纤维束更容易发生雪崩断裂,这反映在负载加载步数较小,最大雪崩尺寸较大且临界应力较小。从统计性质上看,杨氏模量分布的变化对雪崩尺寸分布没有明显影响,这进一步说明影响雪崩尺寸分布的主要因素是纤维的断裂机制和应力的再分配方式,而不是纤维的阈值分布或纤维强度的随机性。

为了分析杨氏模量分布的幂律指数 α 对模型断裂性质的影响,杨氏模量的分布范围在 0.1 到 1 之间,α 取值在 0.1 到 10 之间时对模型进行模拟。当 α 的取值达到 10 时,杨氏模量取值几乎集中在 0.1 左右,出现较大杨氏模量的可能性几乎为零。随着 α 的增加,纤维束整体的杨氏模量分布变得越来越不均匀,这使得整个纤维束更易于出现初始的断裂,同时延缓了整个断裂过程。另一方面,具有较小杨氏模量的纤维比例的增加,对纤维束的最终宏观断裂起到了阻碍作用,但是断裂的雪崩却相对更加集中。在上述两个因素的综合影响下,在 $\alpha = 2$ 附近时,模型表现出特殊的性质,此时临界应力出现最小值。相比之下,当 $E_{\min}$ 取值较大时,其对临界应力的影响很小,这表明相对较小的杨氏模量对模型的力学性能具有较大的影响。

总之,通过引入幂律分布的杨氏模量,解析近似结果和数值模拟结果均表明,杨氏模量的分布对模型的力学性质有着显著的影响。当然,该模型仅假设杨氏模量符合幂律分布,后续还需要进一步研究更多的分布形式。

第 12 章　平均应力再分配下含团簇状缺陷纤维束模型的雪崩断裂过程

在研究材料断裂的微观机制时发现,实际材料的拉伸强度常比应用连续性理论得到的理论结果小得多,出现这一现象的主要原因是材料中广泛存在的缺陷。缺陷对材料的力学性质和断裂过程具有复杂影响,缺陷不仅具有随机性,而且种类繁多,常见的缺陷包括空洞、空隙、杂质、位错和微裂纹等。缺陷影响了材料断裂过程中裂纹微观的成核过程和前沿的传播性质,进而影响材料的可靠性,制约了材料的负载能力。因此,有必要从理论上研究缺陷对材料拉伸断裂性质的影响[176-177]。理论上研究缺陷的影响,首先需要构建能够描述缺陷的统计模型。纤维束模型可以很好地描述无序材料的拉伸断裂性质,但没有考虑到缺陷对拉伸断裂性质的影响。在以往的工作中,我们在经典纤维束模型的基础上,初步构建了考虑单尺寸缺陷的含缺陷纤维束模型,并应用数值模拟的方法分析了缺陷对纤维束模型拉伸断裂性质的影响[178-179]。本章将在此基础上,构建更加符合实际材料结构的含缺陷纤维束模型,进一步深入研究缺陷对材料拉伸断裂性质的影响。

12.1　含团簇状缺陷纤维束模型

在已有研究单尺寸缺陷的简单含缺陷纤维束模型[178-179]中,仅考虑了随机分布的单根纤维的缺陷,没有考虑缺陷尺寸这一重要因素的影响。除了纤维束模型,弹簧网络模型中也有相似的缺陷算法,缺陷密度是弹簧网络模型中最重要的影响因素[180]。仅仅考虑单一尺寸缺陷的密度和缺陷程度还不足以描述实际材料的缺陷性质。为了更好地分析缺陷对材料拉伸断裂过程的影响,本书构建了更加符合实际的含缺陷纤维束模型。如图 12-1 所示,纵向上,同一根纤维可能出现多处缺陷,计算时取缺陷程度最大的缺陷值为这根纤维的缺陷;横向上,考虑缺陷聚集在一起形成团簇状结构。此模型在考虑缺陷空间分布的基础上,引入随机缺陷尺寸变量,同时考虑缺陷程度的空间衰减因素,假设缺陷程度按照一定的函数关系随着缺陷尺寸变化。

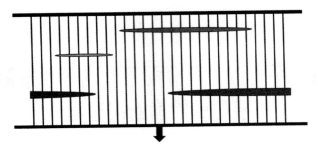

图 12-1　一维纤维束模型的团簇状缺陷模型示意图
(其中包含 3 个缺陷,缺陷和纤维束都采用周期性边界条件)

在模拟过程中,首先构建经典纤维束模型,假设纤维阈值最初满足均匀分布,其概率密度为

$$p(x) = \begin{cases} 1 & 0 \leqslant x \leqslant 1 \\ 0 & x > 1 \end{cases} \tag{12-1}$$

对应的累积分布函数为

$$P(x) = \begin{cases} x & 0 \leqslant x \leqslant 1 \\ 1 & x > 1 \end{cases} \tag{12-2}$$

然后,在此基础上,引入团簇状缺陷的描述方法[181]。首先假设纤维束中有 α 个大小不同的缺陷,缺陷的中心位置在纤维束中满足均匀分布,再根据缺陷尺寸确定缺陷的边界范围。缺陷尺寸可以采用固定值或满足一定的概率分布,本书选定缺陷尺寸在 $[0, \beta]$ 之间满足均匀分布,并假设缺陷同纤维束一样满足周期性边界条件。第 i 个缺陷的缺陷尺寸记为 β_i,其中心纤维的缺陷程度定义为 C_i

$$C_i = \frac{\beta_i}{\gamma} \tag{12-3}$$

其中 $\gamma > \beta$ 是决定中心缺陷程度的控制变量。如图 12-2 所示,以缺陷中心为坐标零点建立直角坐标系。在缺陷内部不同纤维的缺陷程度与其位置之间满足一定的函数关系,本书首先采用了简单的线性衰减函数关系。如图 12-2 所示,假设第 i 个缺陷内部,以缺陷中心为计数基准,第 $j(j \leqslant \beta_i/2)$ 根纤维的初始阈值记为 x_j,引入缺陷后其断裂阈值 x_j^* 表示为

$$x_j^* = x_j \left[1 - \left(C_i - \frac{C_i}{\beta_i/2} j \right) \right] \tag{12-4}$$

对一维排列的纤维束来说,缺陷中心纤维的缺陷程度最大,向左右两边逐渐

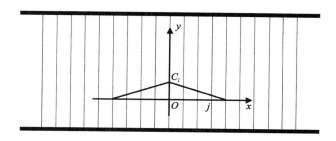

图 12-2　一维纤维束模型的团簇状缺陷程度示意图

呈线性衰减。不同尺寸的缺陷，其中心纤维的缺陷程度与该缺陷的尺寸成正比，缺陷尺寸越大，中心纤维缺陷程度越高。因为考虑了不同尺寸的缺陷，所以会出现同一根纤维可能同时处于多个缺陷之中。由于模型假设了在多个缺陷重合的情况下，取最大的缺陷程度作为这根纤维的实际缺陷。因此，在多个缺陷出现空间重叠现象时，纤维束系统会出现一个大尺寸缺陷边缘处的缺陷程度与小尺寸缺陷中心位置缺陷程度的竞争，也就是说大尺寸缺陷不能完全覆盖其他缺陷。图 12-1 为团簇状缺陷模型示意图，以 3 个缺陷为例，同一根纤维可能多次受到团簇状缺陷的影响，缺陷满足周期性边界条件。

在以上构建的含缺陷的纤维束模型中，假设纤维束被准静态地拉伸直至完全断裂。一根纤维断裂后，所承担的应力需要在其他未断裂的纤维中进行重新分配。根据上述模型构建方法可知，该模型最重要参数是缺陷个数 α 以及极限缺陷尺寸 β。接下来，在平均应力再分配和最近邻应力再分配的框架下应用数值模拟方法分别分析缺陷个数 α 以及极限缺陷尺寸 β 等参数变量对模型拉伸断裂性质的影响。通过调整缺陷参量研究缺陷对模型断裂过程中的本构关系、雪崩尺寸分布、临界值、最大雪崩尺寸、负载加载步数等的影响。除此之外，缺陷个数 α 以及极限缺陷尺寸 β 对模型拉伸断裂性质的影响是否具有尺寸效应也是本书的研究内容。在模拟中，纤维束尺寸取 100 000 根纤维，以下分析的结果是不少于 5 000 次模拟结果的系综平均。

12.2　缺陷个数对模型断裂过程的影响

缺陷个数 α 表示了纤维束中缺陷的多少，为了单独分析缺陷个数 α 对模型拉伸断裂性质的影响，首先固定极限缺陷尺寸 β 的值。在本模型中，考虑到系统的尺寸以及实际材料出现缺陷的情况。一般情况下，缺陷尺寸相比系统的尺寸来说要小得多，因此 β 不应太大，另外，在以往的研究中，我们已经分析了 $\beta=1$

的极限情况,当 β 太小时,模型趋向于 $\beta=1$ 时的极限情况,团簇状缺陷结构不明显,因此,β 取值也不应太小。在以下的模拟中,我们固定 $\beta=150$,考虑缺陷个数 α 在 50 到 3 200 之间变化,分析缺陷个数 α 对断裂性质的影响。

图 12-3 给出了平均应力再分配模型在拉伸断裂过程中本构曲线与缺陷个数 α 的关系,其中极限缺陷尺寸 β 固定为 150。从图 12-3 中我们看出,在缺陷个数相差较小时,本构曲线相差也很小,随着缺陷个数倍数增加,本构曲线之间差距越来越明显。纤维束模型中每一根纤维都具有脆性断裂性质,在平均应力再分配模型中系统达到临界状态后,应力迅速降为 0。不同缺陷个数的本构曲线只有在断裂最开始的阶段重合,随着断裂过程的进行不同缺陷个数的本构曲线之间开始出现差异。

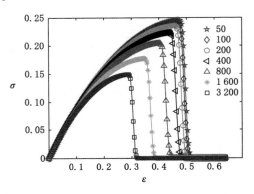

图 12-3　不同缺陷个数 α 下的本构关系曲线

图 12-4 为临界应力 σ_c 与缺陷个数 α 的关系曲线,其中极限缺陷尺寸 β 为固定值 150。从图 12-4 中不难发现,临界应力随着缺陷个数的增加单调地减小,缺陷个数从 50 到 3 200 之间变化时临界应力逐渐出现饱和趋势,当缺陷个数增加到足够大时,缺陷之间重叠的作用更明显。

在平均应力再分配模型中,最大雪崩尺寸和负载加载步数随着缺陷个数 α 呈现相反的变化关系。如图 12-5 所示,缺陷个数从 50 个逐渐增加到 3 200 个,最大雪崩尺寸和负载加载步数均呈非线性变化,在缺陷个数为 800 附近,最大雪崩尺寸和负载加载步数都出现了极值。在缺陷个数从 50 增加到 800 的过程中,最大雪崩尺寸逐渐减小,相应地负载加载步数逐渐增加,这时系统承担负载的能力虽然有所下降,但是韧性却有所增加,这说明系统此时在经历少数大尺寸雪崩后发生宏观断裂的可能性相对更小。而当缺陷个数由极值点继续增加时,最大雪崩尺寸开始增加,负载加载步数则开始减少,此时,系统的韧性开始减弱,在拉伸过程中越来越容易发生脆性断裂。在极值点处系统具有最高的负载加载步

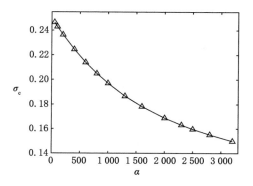

图 12-4　拉伸断裂的临界应力随缺陷个数 α 的变化关系

数,同时最大雪崩尺寸取最小值,说明此时系统韧性最强。这个极值现象说明,虽然材料中存在一定尺寸和个数的缺陷会减少强度,但是微观断裂过程并不一定加快,而是在有限个缺陷下具有最大的韧性。

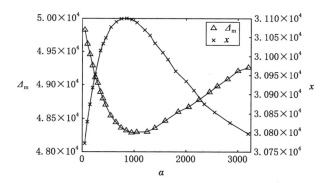

图 12-5　最大雪崩尺寸和负载加载步数随着缺陷个数的变化

　　由于模拟采用了应力控制型拉伸方式,在拉伸断裂过程中会产生一系列雪崩,雪崩尺寸是反映雪崩过程的主要参量,而雪崩尺寸分布则能够很好地描述模型在断裂过程中的统计性质。平均应力再分配模型的雪崩尺寸分布满足一个确定幂律分布且有固定的幂律指数,如式(12-5)所示。

$$D(\Delta) \sim \Delta^{-\delta} \tag{12-5}$$

　　其中 Δ 为每次加载时的雪崩尺寸,即每次加载后断裂的纤维数目。图 12-6 为不同缺陷个数取值下雪崩尺寸分布的统计结果,为了更好地展示雪崩尺寸分布的统计性质,图中使用了双对数坐标。从图 12-6 中可以看出,在缺陷个数为 100 和 800 时,雪崩尺寸分布的幂律指数 δ 都为 -2.5,说明缺陷个数对模型拉伸断裂的统计性质没有影响,在平均应力再分配框架下的含团簇状缺陷纤维束模型与其他平均应力再分配纤维束模型的雪崩尺寸分布统计结果一致。

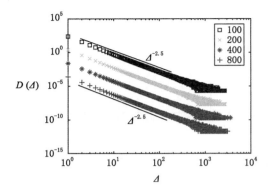

图 12-6　不同缺陷个数下的雪崩尺寸分布

12.3　缺陷尺寸对模型断裂过程的影响

对于含缺陷的材料来说,其中的缺陷尺寸也是影响其力学性质的重要参量。接下来,为了详细分析极限缺陷尺寸 β 对模型断裂性质的影响,固定缺陷个数为800 个,分析极限缺陷尺寸 β 对模型断裂性质的影响。图 12-7 给出了极限缺陷尺寸对本构关系的影响。从图 12-7 可以看出,由于系统的涨落,导致系综平均以后的模拟结果中应力和应变之间不是线性关系。在系统达到临界值之后,应力几乎立即降为 0,说明此时系统具有良好脆性。虽然在拉伸的初始阶段,不同极限缺陷尺寸下的本构曲线有部分重合,但是在达到最终宏观断裂之前就已经出现了差异。随着极限缺陷尺寸的增加,系统的临界应力和临界应变单调减小。对于尺寸较小的孤立缺陷,缺陷之间的相互重叠可以忽略不计,此时材料拉伸断裂性质的主要影响因素是缺陷个数,缺陷尺寸的影响较小。所以 800 个尺寸为20 的缺陷并没有对本构曲线造成太大的影响,其本构曲线和经典纤维素模型相似。

图 12-8 为临界应力 σ_c 与极限缺陷尺寸 β 的关系。从图中可以清晰地看出,小尺寸缺陷对临界应力的影响并不明显。临界应力的变化说明,较小尺寸的孤立缺陷对模型拉伸断裂性质的影响是非常有限的。随着极限缺陷尺寸增加,临界应力随着极限缺陷尺寸增加而减小,当缺陷尺寸足够大时,临界应力随着极限缺陷尺寸的增加近似呈线性减小。这主要是因为随着缺陷尺寸的增加,缺陷中心纤维的损伤程度单调增加,从而减低了纤维束的拉伸强度。

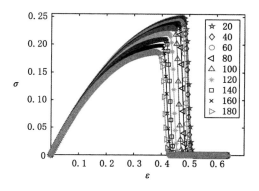

图 12-7　不同极限缺陷尺寸 β 取值下模型的本构关系曲线

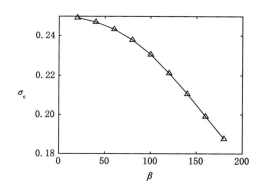

图 12-8　不同极限缺陷尺寸 β 下模型的临界应力

　　改变极限缺陷尺寸,最大雪崩尺寸和负载加载步数随极限缺陷尺寸的变化规律如图 12-9 所示。随着极限缺陷尺寸的增加,最大雪崩尺寸和负载加载步数一开始保持不变,直到缺陷尺寸增加到 120 后最大雪崩尺寸才会迅速减小,相反地,负载加载步数迅速增加,这说明小尺寸缺陷对断裂进程快慢的影响不大。当缺陷尺寸增加到足够大时,虽然系统强度接近线性降低但是系统的韧性反而得到加强。在极限缺陷较小时,缺陷中纤维的损伤程度较小,对模型纤维断裂阈值分布的影响较小;而当极限缺陷较大时,具有缺陷的纤维的总根数增加,相应地损伤程度也增加了,较大程度地改变了纤维断裂阈值的分布,从而改变了断裂过程中的雪崩尺寸分布和负载加载步数。

　　不同极限缺陷尺寸下模型发生雪崩断裂过程中的雪崩尺寸分布如图 12-10所示。从图中可以看出,在极限缺陷尺寸为 20 和 120 时,雪崩尺寸分布的幂律

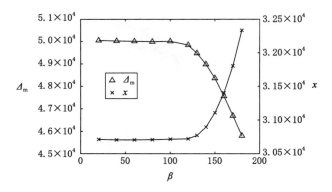

图 12-9　最大雪崩尺寸和负载加载步数随极限缺陷尺寸 β 的变化关系

指数 ξ 都为-2.5,说明缺陷尺寸对模型拉伸断裂的统计性质没有影响,在平均应力再分配下的含团簇状缺陷纤维束模型与其他平均应力再分配纤维束模型的雪崩尺寸分布统计结果一致,进一步证实了平均应力再分配纤维束模型的雪崩尺寸分布不受纤维阈值分布的影响。

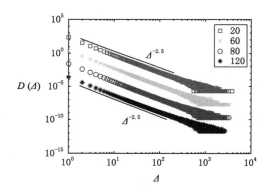

图 12-10　不同极限缺陷尺寸下的雪崩尺寸分布

12.4　缺陷程度空间衰减方式对模型断裂过程的影响

为了分析团簇状缺陷内部不同纤维缺陷程度的空间分布对纤维束拉伸断裂性质的影响,在以上线性关系的基础上,引入不同纤维缺陷程度随空间的指数分布和常数缺陷两种分布形式。缺陷程度随着空间位置满足指数变化时,第 i 个缺陷中第 j 根(从缺陷中心向两侧计算)纤维的断裂阈值表示为:

$$x_j^* = x_j \left[1 - (C_i - q_i^j) \right] \tag{12-6}$$

其中，C_i 表示第 i 个缺陷中心纤维的缺陷程度；x_j 表示其中第 j 根纤维的初始断裂阈值；$q_i = C_i^{2/\beta_i}$。而常数缺陷程度分布的纤维缺陷程度都固定为 C_i，常数缺陷程度分布的缺陷纤维断裂阈值则表示为：

$$x_j^* = x_j (1 - C_i) \tag{12-7}$$

固定极限缺陷尺寸和缺陷个数的情况下，缺陷程度空间衰减方式分别为线性、指数和常数函数时，临界应力随着缺陷中心纤维损伤程度的变化关系如图 12-11 所示。在三种空间衰减方式下，临界应力随着缺陷中心纤维损伤程度的减小均单调增加。同时也能发现，不同的团簇内部缺陷程度空间衰减方式下，临界应力随缺陷中心纤维损伤程度都有类似的变化规律。但是空间衰减方式采用指数函数和常数函数的模型其临界应力的变化曲线很接近，说明不但变化规律一致，具体的临界应力数值也足够地近似，而采用线性衰减方式的模型其临界应力会显著大于相应另外两种形式。在三种空间衰减方式下，临界应力随着缺陷中心纤维损伤程度的减小逐渐出现饱和的趋势，当缺陷中心的缺陷程度足够小时，即使缺陷个数和尺寸很大也不会对系统造成明显的影响。

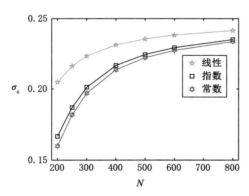

图 12-11　缺陷程度空间衰减方式分别为线性、指数
和常数函数情况下的缺陷中心纤维损伤程度对临界应力的影响

上述规律并没有出现在最大雪崩尺寸和负载加载步数随缺陷中心纤维损伤程度的变化关系中。如图 12-12 所示，当缺陷中心纤维损伤程度比较大的时候，最大雪崩尺寸随着缺陷中心纤维损伤程度减小而增加，而负载加载步数则正好相反。这说明当缺陷中心纤维损伤程度较大时，减少缺陷中心纤维损伤程度，断裂过程中的负载加载步数减少，加速了宏观断裂发生的进程，但是最大雪崩尺寸和负载加载步数很快就达到了饱和。当缺陷中心纤维损伤程度减小到一定范围

内,最大雪崩尺寸和负载加载步数都不随缺陷中心纤维损伤程度减小而变化,说明此时微观断裂进程不受缺陷中心纤维损伤程度的影响。

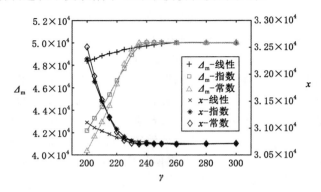

图 12-12　缺陷程度空间衰减方式分别为线性、指数和常数函数情况下,
最大雪崩尺寸和负载加载步数随缺陷中心纤维损伤程度的变化

12.5　平均应力再分配模型的有限尺寸效应

理论上,宏观材料的实际断裂情况对应了无限大尺寸纤维束模型的模拟结果,由于计算机计算能力的限制,想要得到理想的大尺寸极限的模拟结果并不容易。因此,研究纤维束模型的有限尺寸效应具有重要意义[182]。为了与以上的模拟结果对照,固定 $\gamma=200$,极限缺陷尺寸固定 $\beta=150$,缺陷个数在 50 到 1 900 的范围内变化,分别在多个系统尺寸下进行模拟。

当系统尺寸 N 分别为 2^{14}、2^{15}、2^{16}、2^{17}、2^{18} 时临界应力随着缺陷个数的变化趋势如图 12-13 所示,在各种系统尺寸下临界应力随着缺陷个数的增加单调地减小。不同系统尺寸的临界应力随着缺陷个数的变化情况不同,这说明改变系统尺寸会对缺陷个数对临界应力的作用造成影响。通过观察发现,当系统尺寸达到 $N=2^{18}$ 时临界应力随着缺陷个数的增加线性减小,这是因为在大尺寸系统中团簇状缺陷之间的重叠现象很少导致有限的缺陷个数和缺陷纤维数目是线性关系。随着系统尺寸的减小,缺陷之间的重合频繁出现,这时临界应力非线性变化随着缺陷个数增加而减小的速度减缓并且具有饱和趋势。

图 12-14 为缺陷个数取值分别为 100、400、1 000、1 600 时,临界应力与系统尺寸的关系。当缺陷个数和极限缺陷尺寸都固定时,临界应力随着系统尺寸的扩大非线性增加,但是当系统尺寸足够大时临界应力有饱和的趋势。而且缺陷个数越多,临界应力数值随系统尺寸改变的浮动区间就越大。

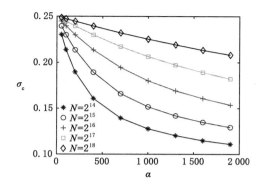

图 12-13　不同系统尺寸下临界应力随缺陷个数的变化关系

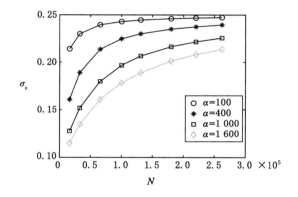

图 12-14　不同缺陷个数下临界应力与系统尺寸的关系

　　为了分析能反映微观断裂过程的最大雪崩尺寸和负载加载步数是否具有明显的尺寸效应,我们模拟了系统尺寸 $N=2^{15},2^{16},2^{17},2^{18}$ 时最大雪崩尺寸和负载加载步数随着缺陷个数的变化,如图 12-15 所示。在不同的系统尺寸下,最大雪崩尺寸和负载加载步数随着缺陷个数变化规律存在明显差异。最大雪崩尺寸和负载加载步数随着缺陷个数 α 呈现相反的变化关系。缺陷个数从 50 个逐渐增加到 1 900 个,最大雪崩尺寸和负载加载步数均呈非线性变化。可以发现,随着系统尺寸的增加,最大雪崩尺寸和负载加载步数的极值对应的缺陷个数 α 的值逐渐增大。在 $N=2^{18}$ 时,当 α 在 50 到 1 900 之间变化时,最大雪崩尺寸和负载加载步数都没有出现极值,这是因为当系统尺寸较大时,这一极值出现在更大的缺陷数目处。在极值点之前最大雪崩尺寸逐渐减小,相应地负载加载步数逐渐增加,虽然这时的系统能承担的负载有所下降,韧性却有所增加,这说明系统此时在经历少数大尺寸雪崩后发生宏观断裂的可能相对更小。在极值点之后最大雪崩尺寸开始增加，而负载加载步数则开始减少，此时，系统的韧性开始减弱，在拉伸过程中越来越容易发生脆性断裂。在极值点处系统具有最高的负载加载步数和最大雪崩尺寸取最小值，说明此时系统韧性最强。团簇状缺陷尺寸的大小是相对于系统尺寸而言的，当系统尺寸足够大时团簇状缺陷尺寸相对小，此时缺陷重叠现象也会很少。增加系统尺寸相当于减小了团簇状缺陷的尺寸。

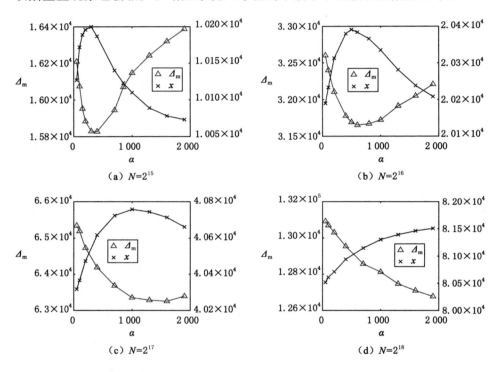

图 12-15　不同系统尺寸下最大雪崩尺寸和负载加载步数随着缺陷个数的变化

接下来分析在不同的系统尺寸下，极限缺陷尺寸对断裂过程的影响。缺陷个数固定为 $\alpha = 800$，极限缺陷尺寸在 20 到 180 之间变化。图 12-16 为各种系统尺寸下的临界应力与极限缺陷尺寸的关系，系统尺寸从 $N = 2^{14}$ 增加到 $N = 2^{18}$。如图 12-16 所示，整体上在所有系统尺寸下临界应力随着极限缺陷尺寸的增加单调减少，这是因为缺陷尺寸增加导致相应的缺陷程度增大。在平均应力再分配模型中，不同系统尺寸下临界应力随极限缺陷尺寸的变化曲线都存在差异。小尺寸系统比大尺寸系统受到缺陷尺寸的影响要更大，系统尺寸为 $N = 2^{17}$ 和 $N = 2^{18}$ 时，临界应力随着极限缺陷尺寸变化的比系统尺寸为 $N = 2^{14}$ 和 $N = 2^{15}$

时更慢,大尺寸系统的临界应力的变化幅度也要更小。

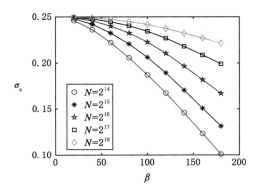

图 12-16　不同系统尺寸下的临界应力与极限缺陷尺寸的关系

　　临界应力随着系统尺寸的改变情况如图 12-17 所示,不同极限缺陷尺寸下临界应力随着系统尺寸的变化有很大差异。当缺陷尺寸较小时,临界应力几乎不随着系统尺寸变化,然而随着极限缺陷尺寸的增加临界应力受到系统尺寸的影响越来越强。但是无论缺陷尺寸有多大,随着系统尺寸增加临界应力都趋于饱和状态。这是因为当缺陷尺寸很小时,团簇状缺陷过渡成孤立纤维缺陷,此时缺陷程度也很小,在缺陷个数为 800 的情况下几乎没有尺寸效应。团簇状缺陷尺寸相对于系统尺寸足够小时,团簇状缺陷也会被视为孤立纤维缺陷。

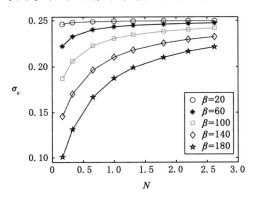

图 12-17　不同 β 取值下的临界应力随着系统尺寸的变化关系

　　从以上临界现象与系统尺寸的关系中了解到系统尺寸确实会对临界应力产生影响,但是系统尺寸对模型微观断裂过程的影响情况可能有所不同,系统尺寸分别为 2^{15}、2^{16}、2^{17}、2^{18} 时最大雪崩尺寸和负载加载步数随着极限缺陷尺寸变化的曲线如图 12-18 所示。在各种系统尺寸下,最大雪崩尺寸和负载加载步数随着极限缺陷尺寸的变化趋势都相同,在缺陷尺寸小于 120 时,在各种系统尺寸下最大雪崩尺寸和负载加载步数不随极限缺陷尺寸的增加改变,但是当缺陷尺寸大于 120 时,最大雪崩尺寸快速减少,相应的负载加载步数增加,此时系统的断裂过程极大地减缓。

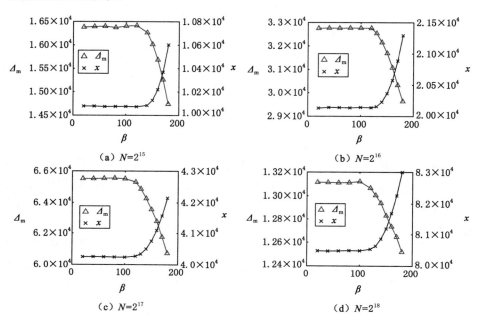

图 12-18　不同系统尺寸下最大雪崩尺寸和负载加载步数随着极限缺陷尺寸的变化

12.6　分析与讨论

　　缺陷对材料断裂过程的影响是不可忽视的,但仅考虑单纤维缺陷还不足以描述实际材料中复杂的缺陷形貌。本章引入了团簇状缺陷,构建了含团簇状缺陷的纤维束模型,在平均应力再分配下模拟研究了缺陷参数对模型拉伸断裂性质的影响。

　　分析发现,缺陷参数和系统尺寸对系统的断裂力学性质和断裂过程都有一定的影响,而缺陷参数没有对雪崩尺寸分布产生影响。临界应力和临界应变都会随着缺陷个数 α 的增加而减小。最大雪崩尺寸和负载加载步数随着缺陷个数 α 呈现相反的变化关系。最大雪崩尺寸和负载加载步数均呈非线性变化,而且最大雪崩尺寸和负载加载步数都出现了极值。在极值点处系统具有最高的负载加载步数,同时最大雪崩尺寸取最小值,说明此时系统韧性最强。这意味着材料中存在一定尺寸和个数的缺陷虽然会减少系统的强度,但是微观断裂过程并不一定加快。临界应力随着极限缺陷尺寸增加而减小,当极限缺陷尺寸比较小时,其对断裂过程影响并不大。原因是当缺陷尺寸比较小的时候,相应的缺陷程度也较小,即使缺陷数目很多,对整个系统断裂性质的影响也不大。

固定缺陷个数 $\alpha = 800$,改变极限缺陷尺寸 β 的取值,模拟发现,系统依然具有良好的脆性断裂性质,临界应力随着极限缺陷尺寸 β 的增大单调减小。对断裂统计性质而言,在极限缺陷尺寸 β 取值较小时,负载加载步数和最大雪崩尺寸几乎不受 β 取值的影响,说明此时缺陷尺寸对模型断裂进程的影响可以忽略。而当极限缺陷尺寸 β 较大时,最大雪崩尺寸较小,相应地负载加载步数增加,此时系统具有更大的韧性。由于极限缺陷尺寸仅仅改变了模型中纤维断裂阈值的分布,并没有对模型的雪崩尺寸分布产生影响。

此外,缺陷中心纤维缺陷程度以及缺陷内部的缺陷程度空间衰减方式都会对材料的承受负载能力和韧性产生影响。而对不同尺寸的含团簇状缺陷纤维束模型的模拟发现,在不同的系统尺寸下,模型断裂性质与缺陷大小和缺陷个数的关系均有所不同。在尺寸较大时,不管是缺陷大小还是缺陷个数对临界应力的影响都比较小,而在系统尺寸较小时,这两个缺陷参数对临界应力的影响则较大,说明对纤维束来说,缺陷对系统大小的比值,也就是相对缺陷大小应更有意义。

第13章 最近邻应力再分配下含团簇状缺陷纤维束模型的雪崩断裂过程

在上一章构建的含团簇状缺陷的纤维束模型中,由于缺陷对整个纤维束来说是局域的,将直接影响纤维之间的局域相互作用。为了更好地分析应力集中效应对含缺陷材料拉伸断裂性质的影响,本章对该模型采用最近邻应力再分配方式,应用数值模拟方法进行分析。根据上述模型构建方法可知,该模型最重要的参数是缺陷个数 α 以及缺陷尺寸上限 β。接下来,应用数值模拟方法分别分析缺陷个数 α 以及缺陷尺寸上限 β 对模型拉伸断裂性质的影响。在模拟中,纤维束尺寸取 100 000 根纤维,以下分析的结果是不少于 5 000 次模拟结果的系综平均。

13.1 缺陷个数 α 对模型断裂过程的影响

缺陷个数 α 表示了纤维束中缺陷的多少,为了单独分析缺陷个数 α 对模型拉伸断裂性质的影响,首先固定缺陷尺寸上限 β 的值。在本模型中,考虑到系统的尺寸以及实际材料出现缺陷的情况。一般情况下,缺陷尺寸相比系统的尺寸来说要小得多,因此 β 不应太大;另外,在以往的研究中,我们已经分析了 $\beta=1$ 的极限情况,当 β 太小时,模型趋向于 $\beta=1$ 时的极限情况,团簇状缺陷结构不明显,因此,β 取值也不应太小。在以下的模拟中,我们首先固定 $\beta=150$,$\gamma=200$,考虑缺陷个数 α 在 50 到 3 200 之间变化,分析缺陷个数 α 对断裂性质的影响。

图 13-1 给出了模型在拉伸断裂过程中本构曲线与缺陷个数 α 的关系,其中缺陷尺寸上限 β 固定为 150。从图中可以看出,虽然模型中每一根纤维都具有脆性断裂性质,但整体上本构曲线在断裂阶段还是表现出一定的非脆性断裂性质。由于模型中各纤维的断裂阈值分布存在着涨落,使得每次模拟得到的临界应变和临界应力也存在涨落,在最后模拟结果中,进行系综平均后就呈现出一定的非脆性断裂性质,在达到临界应力之后,应力并没有立即降为 0。不同缺陷个

数 α 下的本构曲线在临界断裂前基本上是重合的,在接近临界断裂时稍有变化。这主要是因为,相比模型中纤维的数目,缺陷纤维的根数较少,而且主要影响了较大的断裂阈值,因此对拉伸初始阶段的本构关系几乎没有产生影响。缺陷个数 α 对纤维束断裂力学性质的影响不是线性的,在缺陷个数 α 较小时,对本构关系的影响比较明显;而当缺陷个数 α 取值较大时,对本构关系的影响反而较小,接下来定量分析缺陷个数 α 对临界应力大小的影响。

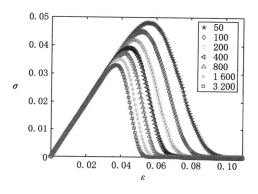

图 13-1　不同缺陷个数 α 下系统的本构关系

图 13-2 为临界应力 σ_c 与缺陷个数 α 的关系曲线,其中缺陷尺寸上限 β 为固定值 150。从图中不难发现,临界应力随着缺陷个数的增加单调地减小,当缺陷个数比较小时临界应力随缺陷个数的变化比较明显,而是当缺陷个数增加到相对较大数值时,临界应力的减小则缓慢得多。值得注意的是,模拟中采用了相对较大的缺陷尺寸,也就是说即使在缺陷数目比较少的情况下,大尺寸缺陷的出现仍然会对临界应力造成较大的影响。而且由于缺陷数目比较小,缺陷的空间分布比较分散,缺陷之间重叠的情况很少。因而纵向上不同缺陷程度的竞争作用不强,此时少数的大尺寸缺陷会对系统的力学性质产生较大的影响。而当缺陷数目增加到较大值的时候,缺陷之间将出现重叠,纵向上缺陷程度的竞争变得激烈,使得最终缺陷纤维根数和缺陷数目不成正比,因此对系统力学性质的影响趋于平缓。为了进一步说明这一点,减小缺陷尺寸,将缺陷尺寸上限设定为 $\beta=40$,模拟结果如图 13-2 插图所示。这样在保持缺陷个数的变化区间不变的情况下,由于缺陷的尺寸较小,缺陷的重叠可以忽略不计,也就是纵向上缺陷程度的竞争现象不明显,此时缺陷纤维的根数和缺陷数目近似呈线性关系,表现在模拟结果上就是临界应力与缺陷数目之间近似呈线性关系。以上模拟结果也说明,减小缺陷尺寸使得模型从团簇状缺陷向非团簇状孤立缺陷转变,在接下来的分析中将根据最大雪崩尺寸和负载加载步数的变化情况讨论团簇状缺陷模型和非

团簇状缺陷模型的区别。

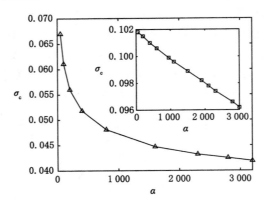

图 13-2　临界应力随缺陷个数 α 变化的关系

（插图为 $\beta=40$ 时临界应力随缺陷个数 α 变化的关系,此时临界应力接近于线性变化）

在团簇状缺陷模型中,最大雪崩尺寸和负载加载步数随着缺陷个数 α 呈现相反的变化关系。如图 13-3 所示,缺陷个数从 50 个逐渐增加到 3 200 个,最大雪崩尺寸和负载加载步数均呈非单调变化,在缺陷个数为 400 附近,最大雪崩尺寸和负载加载步数都出现了极值。

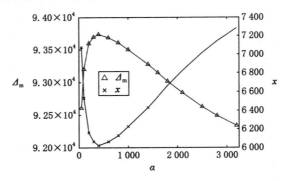

图 13-3　最大雪崩尺寸和负载加载步数随着缺陷个数 α 的变化曲线

（在 $\alpha=400$ 处最大雪崩尺寸和负载加载步数均出现极值）

当缺陷个数从 50 增加到 400 时,最大雪崩尺寸逐渐增加,相应地负载加载步数逐渐减少,系统更容易在经历少数大尺寸雪崩后发生宏观断裂。而当缺陷个数由 400 继续增加时,最大雪崩尺寸开始减少,负载加载步数则开始增加,此时,系统具有更强的韧性,在拉伸过程中更不容易发生脆性断裂。缺陷个数等于400 是一个极值点,此时,系统具有最小的负载加载步数,同时最大雪崩尺寸取最大值,说明此时系统最接近于脆性断裂。而当缺陷个数大于 400 时,随着缺陷个数增加,虽然临界应力单调减小,但是减小的速度降低了。另一方面,负载加载步数反而增加了,说明系统虽然能够承担的负载有所下降,却具有更强的韧性。需要注意的是,以上结果只是在 $\beta=150$ 条件下模拟得到的,对应了缺陷尺寸比较大的情形。为了详细分析极值出现的条件,我们又针对不同 β 值进行了数值模拟。如图 13-4 所示,模拟得到了 β 取 120、90、70、60 下,最大雪崩尺寸和负载加载步数随着缺陷个数变化的关系。

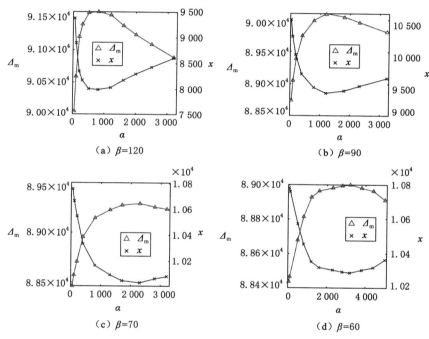

图 13-4　不同 β 取值下的最大雪崩尺寸和负载加载步数极值的出现情况

在不同的 β 取值下,最大雪崩尺寸和负载加载步数随着缺陷个数的变化规律存在明显差异。当 $\beta=120$ 时,最大雪崩尺寸和负载加载步的极值点出现在 $\alpha=800$ 处。当 $\beta=90$ 时,最大雪崩尺寸和负载加载步数的极值点出现在 $\alpha=1\,200$ 处。而当 β 降到 70 时,最大雪崩尺寸和负载加载步数的极值点增加到 $\alpha=2\,300$。可以发现,随着缺陷尺寸上限 β 的降低,最大雪崩尺寸和负载加载步数出现极值点对应的缺陷个数 α 的值逐渐增大。在 $\beta=60$ 时,增大 α 的变化范围,进一步模拟发现,此时极值点出现在 $\alpha=3\,200$ 附近。不难发现,当系统的缺陷尺寸较大时,最大雪崩尺寸和负载加载步数的极值出现在缺陷个数较小时,随着缺陷尺寸的降低,这一极值出现在更大的缺陷数目处,当缺陷尺寸足够小时,极值逐渐消失。这就说明,在不同的缺陷尺寸上限 β 取值下,模型中缺陷可以表现出不同的性质,当 β 较大时,模型缺陷可以看成团簇状缺陷,而当 β 取值较小时,则表现出非团簇状缺陷的性质。虽然缺陷尺寸不同,但是在极值点之前,最大雪崩尺寸和负载加载步数的变化性质相似,也就是说如果缺陷个数被限制在一定范围内,团簇状缺陷模型也会过渡为非团簇状缺陷模型。

由于模拟采用了应力控制型拉伸方式,在拉伸断裂过程中会产生一系列雪崩,雪崩尺寸是反映雪崩过程的主要参量,而雪崩尺寸分布则能够很好地描述模型在断裂过程中的统计性质。图 13-5 为不同缺陷个数取值下雪崩尺寸分布的统计结果,为了更好地展示雪崩尺寸分布的统计性质,图中使用了双对数坐标。与平均应力再分配的模型不同,最近邻应力再分配下,由于存在着显著的局域相互作用,雪崩尺寸分布一般不满足简单的幂律分布。从本书模拟结果可以看出,和其它最邻近应力再分配下的纤维束模型类似,整体上雪崩尺寸并不满足简单的幂律分布。但是在雪崩尺寸较小时,其分布还是能比较好地满足以下形式的幂律分布

$$D(\Delta) \sim \Delta^{-\delta} \tag{13-1}$$

其中 Δ 为负载每次准静态加载所引起的雪崩尺寸,即每次加载后纤维的断裂数。从图 13-5 中可以看出,在缺陷个数为 100 和 800 时,对于较小尺寸的雪崩,其雪崩尺寸分布的幂律指数满足 $\delta = 6.5$ 和 $\delta = 5.9$。以上统计结果显示,缺陷个数对模型拉伸断裂过程统计性质的影响较小,只是小幅度地影响了较小尺寸雪崩尺寸的幂律分布指数。

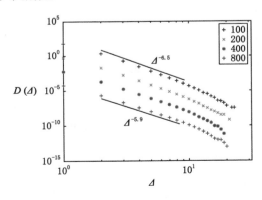

图 13-5 不同缺陷个数 α 取值下的雪崩尺寸分布

13.2　缺陷尺寸对模型断裂过程的影响

对于含缺陷的材料来说,其中的缺陷尺寸也是影响其力学性质的重要参量。通过以上分析发现,缺陷尺寸上限 β 影响了模型中的缺陷状态。接下来,为了详细分析缺陷尺寸上限 β 对模型断裂性质的影响,假设缺陷个数 α 取固定值。在以上的讨论中我们发现,如果缺陷个数太小的话,缺陷之间的相互作用不明显,团簇状缺陷模型会过渡为非团簇状缺陷模型。为了使缺陷尺寸上限 β 对系统的影响较明显,固定缺陷个数 $\alpha=800$,模拟缺陷尺寸上限 β 在 20 到 180 之间变化时系统的拉伸断裂性质。

图 13-6 为缺陷尺寸上限对本构关系影响的模拟结果。从图 13-6 可以发现,由于系统的涨落导致系综平均以后的模拟结果中,本构曲线呈现出一定的非脆性断裂性质。在系统达到临界值之后,应力并没有立即降为 0,但是对于模型的每一次模拟结果来说,缺陷或涨落的存在不会影响模型的脆性断裂性质。在拉伸的初始阶段,不同缺陷尺寸上限的本构曲线几乎完全重合,说明缺陷尺寸对纤维束中较弱纤维的强度分布没有产生明显影响,主要影响了较大强度纤维的强度分布。随着缺陷尺寸的增加,系统的临界应力和临界应变单调减小。这也说明,对于尺寸较小的孤立缺陷,缺陷之间的空间重叠可以忽略,此时材料拉伸断裂性质的主要影响因素是缺陷个数,缺陷尺寸的影响较小。而当缺陷尺寸较大时,缺陷之间的空间重叠概率较大,相互作用较强,因此缺陷尺寸对材料拉伸断裂性质的影响较大。

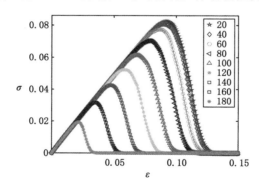

图 13-6　不同缺陷尺寸上限 β 下模型的本构关系曲线

图 13-7 为临界应力 σ_c 与缺陷尺寸上限 β 的关系,从图中可以清晰地看出,小尺寸缺陷对临界应力的影响并不明显,随着缺陷尺寸的增加,临界应力迅速减小。当缺陷尺寸上限足够大时,临界应力随着缺陷尺寸上限的增加近似呈线性

减小。临界应力的变化也说明,较小尺寸的孤立缺陷,其尺寸对模型拉伸断裂性质的影响是非常有限的;而对较大尺寸的团簇状缺陷,缺陷之间的空间重叠引起的竞争作用使得系统容易受到缺陷尺寸的影响。同时,因为缺陷尺寸决定了团簇状缺陷中心的缺陷程度,导致团簇状缺陷模型的断裂性质更容易受到缺陷尺寸的影响。

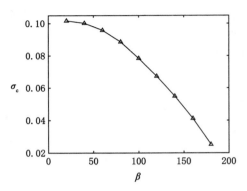

图 13-7　不同缺陷尺寸上限 β 下的临界应力

　　改变缺陷尺寸上限 β ,最大雪崩尺寸和负载加载步数随缺陷尺寸上限 β 变化的规律如图 13-8 所示。随着缺陷尺寸上限 β 的增加,最大雪崩尺寸先缓慢增加后快速增长,而负载加载步数则相应减小。这说明缺陷尺寸上限 β 增加后,模型更容易在较小的负载加载步数后,出现较大尺寸的雪崩,说明此时模型整体上更加体现出脆性断裂性质。随着缺陷尺寸上限 β 的增加,最大雪崩尺寸和负载加载步数都没有出现饱和的趋势。这是因为此模型中,增加缺陷尺寸相应增大了团簇状缺陷中心的缺陷程度,缺陷尺寸和中心缺陷程度的增加单调地加速了系统的整体断裂过程。在保持缺陷中心缺陷程度和团簇状缺陷尺寸关系不变的情况下,增加缺陷尺寸和增加缺陷中心缺陷程度是同步的。而且在团簇状缺陷内部,不同纤维的缺陷程度与其空间位置之间满足较简单的线性关系。当然,不同纤维的缺陷程度与其空间位置之间的函数关系对纤维束拉伸断裂性质也会产生一定的影响。

　　对于不同极限缺陷尺寸下的雪崩尺寸分布的统计结果如图 13-9 所示,当雪崩尺寸比较小时雪崩尺寸分布满足幂次规律,并且缺陷尺寸几乎不会影响雪崩尺寸分布,在极限缺陷尺寸为 20 和 120 时,对于较小尺寸的雪崩,其雪崩尺寸分布的幂律指数满足 $\delta=-5.4$ 和 $\delta=-5.8$。对比图 13-5 和图 13-9,我们发现改变缺陷个数和极限缺陷尺寸都不会影响雪崩指数。

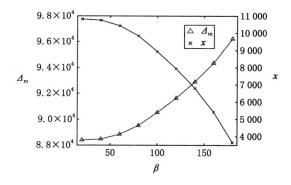

图 13-8　不同缺陷尺寸上限 β 下的最大雪崩尺寸
和负载加载步数

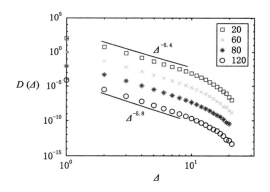

图 13-9　不同极限缺陷尺寸下的雪崩尺寸分布

13.3　缺陷程度空间衰减方式对模型断裂过程的影响

　　固定极限缺陷尺寸和缺陷个数的情况下,缺陷程度空间衰减方式分别为线性、指数和常数函数时,临界应力随着缺陷中心纤维损伤程度的变化关系如图 13-10 所示。在三种空间衰减方式下,临界应力随着缺陷中心纤维损伤程度的减小均单调增加。同时也能发现,不同的缺陷程度空间衰减方式下,临界应力随缺陷中心纤维损伤程度都有类似的变化规律。但是空间衰减方式采用指数函数和常数函数的模型其临界应力的变化曲线很接近,说明不但变化规律一致,具体的临界应力数值也足够地近似,而采用线性衰减方式的模型其临界应力会显著大于相应另外两种形式。在三种空间衰减方式下,临界应力随着缺陷中心纤维损伤程度的减小逐渐出现饱和的趋势,当缺陷中心的缺陷程度足够小时,即使缺陷个数和尺寸很大也不会对系统造成明显的影响。类似的规律也出现在最大雪崩尺寸和负载加载步数随缺陷中心纤维损伤程度变化的关系中。如图 13-11 所示,最大雪崩尺寸随着缺陷中心纤维损伤程度的减少而减小,而负载加载步数则正好相反。这说明减少缺陷中心纤维损伤程度,断裂过程中的负载加载步数增加,延缓了宏观断裂的发生的进程。而相应地两次负载加载之间所能够断裂的纤维根数,也就是雪崩尺寸减小了,同时最大雪崩尺寸也变小了,说明系统的断裂进程相应延缓了。在三种空间衰减方式下,最大雪崩尺寸和负载加载步数随着缺陷中心纤维损伤程度的减小逐渐出现饱和的趋势,当缺陷中心的缺陷程度足够小时系统受缺陷的影响很小。缺陷中心纤维损伤程度和缺陷尺寸之间具有单调的变化关系,因此,缺陷中心纤维损伤程度和极限缺陷尺寸对断裂性质具有类似的影响关系。

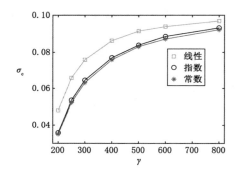

图 13-10　缺陷程度空间衰减方式分别为线性、指数和
常数函数情况下的缺陷中心纤维损伤程度对临界应力的影响

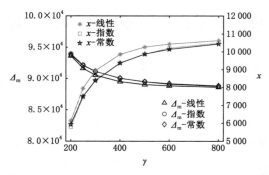

图 13-11　缺陷程度空间衰减方式分别为线性、指数和常数函数情况下,
最大雪崩尺寸和负载加载步数随缺陷中心纤维损伤程度的变化

13.4　最近邻应力再分配模型的有限尺寸效应

在第 12 章,对平均应力再分配模型的分析发现,系统的尺寸确实会对模拟结果产生一定的影响,而最近邻应力再分配模型和平均应力再分配模型在横向相互作用范围上有较大的差异。所以接下来讨论最近邻应力再分配模型的有限尺寸效应。为了与以上的模拟结果对照,固定 $\gamma=200$,极限缺陷尺寸固定 $\beta=150$,缺陷个数在 50 到 1 900 的范围内变化,分别在多个系统尺寸下进行模拟。

当系统尺寸分别为 2^{15}、2^{16}、2^{17}、2^{18} 时临界应力随着缺陷个数变化的趋势如图 13-12 所示,在各种系统尺寸下临界应力随着缺陷个数的增加而单调减小。当缺陷个数比较小时临界应力随缺陷个数变化比较明显,而当缺陷个数增加到相对较大数值时,临界应力的减小则缓慢得多。很明显在不同系统尺寸下临界应力随着缺陷个数变化的情况基本一致,也就说是改变系统尺寸并不会对团簇状缺陷个数对临界应力的作用造成影响,这也说明当系统尺寸继续扩大到极限宏观尺寸后,之前讨论的团簇状缺陷对临界应力的影响依然有效,这对宏观材料的强度分析具有十分重大的意义。从图 13-12 插图中我们也可以看到,在各种缺陷个数条件下,系统的尺寸增加的同时,临界应力并没有较大的浮动,也就是说模拟结果对尺寸无限大的宏观材料有很大的参考意义。但是仅仅分析临界现象的尺寸效应不足以说明问题,下面我们讨论反映微观断裂过程的最大雪崩尺寸和负载加载步数是否具有明显的有限尺寸效应。

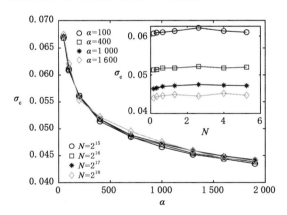

图 13-12　不同系统尺寸下临界应力随缺陷个数的变化情况

(插图为不同缺陷个数下的临界应力与系统尺寸的关系)

　　在不同的系统尺寸下,最大雪崩尺寸和负载加载步数随着缺陷个数变化规律存在明显差异。最大雪崩尺寸和负载加载步数随着缺陷个数 α 呈现相反的变化关系。如图 13-13 所示,缺陷个数从 50 个逐渐增加到 1 900 个,最大雪崩尺寸和负载加载步数均呈非线性变化。不同的系统尺寸下最大雪崩尺寸和负载加载步数随着缺陷个数变化与不同缺陷尺寸下最大雪崩尺寸和负载加载步数随着缺陷个数变化情况很相似,都在不同的缺陷个数下出现极值现象,当缺陷个数从 50 增加到极值点时,最大雪崩尺寸逐渐增加,相应地负载加载步数逐渐减少,系统更容易在经历少数大尺寸雪崩后发生宏观断裂。当缺陷个数由极值点继续增加时,最大雪崩尺寸开始减少,而负载加载步数则开始增加,此时,系统具有更强的韧性,在拉伸过程中更不容易发生脆性断裂。当系统尺寸 $N=2^{15}$ 时,最大雪崩尺寸和负载加载步数的极值点出现在 $\alpha=200$ 处,而当 $N=2^{16}$ 时,最大雪崩尺寸和负载加载步数的极值点出现在 $\alpha=400$ 处。而当系统尺寸增加到 $N=2^{18}$ 时,最大雪崩尺寸和负载加载步数的极值点增加到 $\alpha=1\ 600$。不难发现,当系统的尺寸较小时,最大雪崩尺寸和负载加载步数的极值出现在缺陷个数较小时,随着系统尺寸的增加,这一极值出现在更大的缺陷数目处。这说明当系统尺寸足够大时团簇状缺陷相对小,此时缺陷重叠现象也会很少。接下来分析在不同的系统尺寸下,缺陷尺寸对断裂过程的影响。缺陷个数固定为 $\alpha=800$,极限缺陷尺寸在 20 到 180 之间变化。

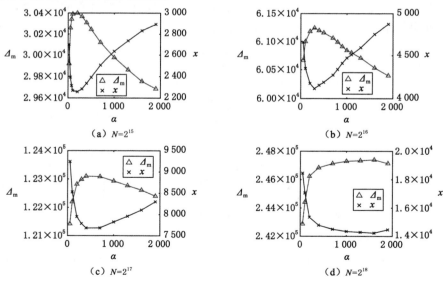

图 13-13　不同系统尺寸下最大雪崩尺寸和负载加载步数随着缺陷个数的变化

　　各种系统尺寸下的临界应力与极限缺陷尺寸的关系如图 13-14 所示,系统尺寸从 $N=2^{14}$ 增加到 $N=2^{19}$。从图 13-14 中很清楚地看到,总体上在所有系统尺寸下临界应力随着极限缺陷尺寸的增加而单调减少,这是因为缺陷尺寸增加导致相应的缺陷程度增加,然而当极限缺陷尺寸在 20 到 100 的范围内时,在不同系统尺寸下临界应力随极限缺陷尺寸的变化曲线存在差异。很明显当缺陷尺寸小于 100 时,大尺寸系统的临界应力衰减得较慢,这时缺陷尺寸相对于系统尺寸来说比较小,这种状态下系统受到缺陷尺寸影响较小,而对于小尺寸系统来说,此时的缺陷尺寸已经足够大了。当缺陷尺寸大于 100 时,所有系统尺寸的临界应力随着极限缺陷尺寸的变化曲线是几乎重合的,这时改变系统尺寸不会对临界应力随着极限缺陷尺寸的变化关系产生影响。也就是说当缺陷尺寸足够大时,极限缺陷尺寸对系统临界现象的影响没有尺寸效应。

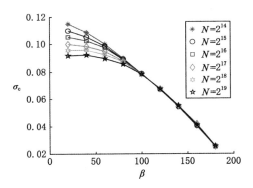

图 13-14　各种系统尺寸下的临界应力与极限缺陷尺寸的关系

　　当极限缺陷尺寸分别为 20、60、80、100、120 时临界应力随着系统尺寸的改变情况如图 13-15 所示。很明显当缺陷尺寸较小时,临界应力随着系统尺寸的增加并没有保持不变,而是随着系统尺寸增加而减小,但是很快就达到饱和。当极限缺陷尺寸为 100 和 120,临界应力不随着系统尺寸改变,此时不存在尺寸效应。接下来分析微观断裂进程是否受到系统尺寸的影响。

　　图 13-16 为系统尺寸分别为 $N=2^{15}$、2^{16}、2^{17}、2^{18},最大雪崩尺寸和负载加载步数随着极限缺陷尺寸变化的曲线。在各种系统尺寸下,最大雪崩尺寸和负载加载步数随着极限缺陷尺寸变化的趋势都相同,增加缺陷尺寸会导致微观断裂进程加速,继续增加缺陷尺寸到极限值,系统有达到脆性断裂的趋势,但是微观断裂进程基本上没有受到系统尺寸的影响。

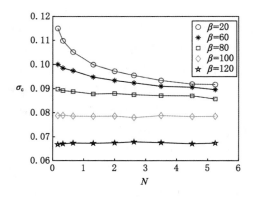

图 13-15　不同 β 取值下的临界应力随着系统尺寸的改变情况

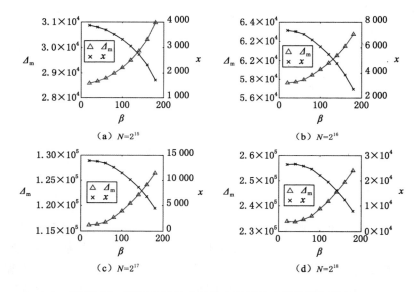

（a）$N=2^{15}$　　　　　（b）$N=2^{16}$

（c）$N=2^{17}$　　　　　（d）$N=2^{18}$

图 13-16　不同系统尺寸下最大雪崩尺寸和负载加载步
数随着极限缺陷尺寸的变化

13.5　分析与讨论

　　为研究最近邻应力再分配下团簇状缺陷对纤维束模型拉伸断裂性质的影响，对最近邻应力再分配下含团簇状缺陷纤维束模型进行了模拟分析。分析发现,临界应力和临界应变都会随着缺陷个数 α 的增加而减小。当极限缺陷尺寸比较大的时候,即使缺陷个数很少依然会对宏观和微观断裂过程造成比较大的影响,原因是缺陷虽然个数少,但是尺寸足够大,纤维的缺陷程度也足够大,但不同缺陷之间的重叠竞争不明显。随着缺陷个数 α 的增加,不同缺陷间的重叠竞争也越发激烈,但是对断裂过程的影响却相对 α 较小时减缓了,这说明不同缺陷间的竞争机制会减缓系统整体缺陷程度随着的缺陷个数的变化。虽然缺陷个数的增加会强化缺陷间的竞争作用,从而减缓系统整体缺陷程度的增加,但是当缺陷个数较小即竞争机制不强时,增大缺陷个数依然会加速系统的断裂,因此最大雪崩尺寸和负载加载步数随着 α 的变化必然会出现极值。进一步分析极值出现的条件发现,随着 β 值的增加极值对应的 α 值不断减小,这说明增加缺陷尺寸在一定程度上也会增加缺陷间的竞争。当极限缺陷尺寸比较小时,其对断裂过程影响并不大;而随着极限缺陷尺寸的增加,其对模型断裂过程的影响越来越显著。原因是当缺陷尺寸比较小的时候,相应缺陷程度也较小,即使缺陷数目很多,但是对整个系统断裂性质的影响并不大。而随着极限缺陷尺寸的增加,由于大尺寸缺陷的引入,出现了缺陷间的重叠竞争作用,因此,随着缺陷尺寸的增加断裂进程加快。极限缺陷尺寸、缺陷中心纤维损伤程度以及缺陷内部的缺陷程度空间衰减方式都会对材料的承受负载能力和韧性产生影响。增加缺陷个数 α 和极限缺陷尺寸 β,临界应力都会单调减小即纤维束系统强度逐渐减小。但是值得注意的是,在 β 取值较大时,α 对 σ_c 的影响逐渐平缓,而 β 对 σ_c 的影响逐渐加强。这是因为团簇状缺陷纤维束模型的缺陷程度随极限缺陷尺寸的增大单调增大,因而增加缺陷尺寸既增加了系统缺陷纤维的比例又增加了缺陷纤维整体的缺陷程度,所以对系统断裂强度的影响越来越大。而增大缺陷个数并不直接影响纤维的缺陷程度,反而由于重叠竞争机制减缓系统缺陷纤维比例的增加。当缺陷尺寸比较小时雪崩尺寸分布满足幂次规律,缺陷个数和极限缺陷尺寸对雪崩尺寸分布几乎没有影响。

在各种系统尺寸下,临界应力随着缺陷个数的增加单调地减小,最大雪崩尺寸和负载加载步数随着缺陷个数变化与不同缺陷尺寸下最大雪崩尺寸和负载加载步数随着缺陷个数变化情况很相似。当缺陷个数增加到极值点时,最大雪崩尺寸逐渐增加,相应地负载加载步数逐渐减少,系统更容易在经历少数大尺寸雪崩后发生宏观断裂。而当缺陷个数由极值点继续增加时,最大雪崩尺寸开始减少,而负载加载步数则开始增加,此时,系统具有更强的韧性,在拉伸过程中更不容易发生脆性断裂。随着系统尺寸的增加,极值对应的 α 值不断增加。团簇状缺陷尺寸的大小是相对于系统尺寸而言的,当系统尺寸足够大时团簇状缺陷相对小,此时缺陷重叠现象也会很少。增加系统尺寸相当于减小了团簇状缺陷尺寸。改变缺陷极限尺寸 β 时,由于缺陷尺寸增加导致相应的缺陷程度增加,所以总体上在所有系统尺寸下临界应力随着极限缺陷尺寸的增加单调减少。当极限缺陷尺寸在 20 到 100 的范围内时,在不同系统尺寸下临界应力随极限缺陷尺寸变化的曲线存在差异,此时大尺寸系统的临界应力衰减的较慢,这是因为缺陷尺寸相对于系统尺寸来说比较小,这种状态下系统受到缺陷尺寸影响要小。直到缺陷尺寸扩张到 100 以上时,大尺寸系统受到缺陷尺寸的影响越来越大。当缺陷尺寸大于 100 时,所有系统尺寸的临界应力随着极限缺陷尺寸变化的曲线是几乎重合的,这时改变系统尺寸不会对临界应力随着极限缺陷尺寸变化产生影响。在各种系统尺寸下,最大雪崩尺寸和负载加载步数随着极限缺陷尺寸的变化趋势都相同,增加缺陷尺寸会导致微观断裂进程加速,继续增加缺陷尺寸到极限值,系统有脆性断裂的趋势,此时微观断裂进程没有受到系统尺寸的影响。

第 14 章　总结与展望

14.1　总结

本书在经典纤维束和各种已有扩展纤维束模型的基础上,应用解析近似和数值模拟的方法研究了多种扩展纤维束模型的拉伸力学性质和断裂的统计性质,各部分的主要研究结果和以后的研究方向总结如下:

(1)通过对强非匀质纤维束模型的模拟进一步研究了强非均匀物质断裂过程的宏观性质和微观机制。从模拟结果可以看出,纤维束模型中的不断裂纤维成分不管在宏观还是微观上对纤维束的断裂过程均产生了显著的影响。在宏观本构关系中,不断裂纤维比例存在着一个临界值 η_c 使得纤维束在断裂过程中出现局域的塑性状态;微观上,不断裂纤维比例 η 对断裂的最大雪崩尺寸和雪崩尺寸分布均产生显著影响。在不断裂纤维比例较小时,模型的雪崩尺寸分布和经典纤维束模型在局域应力再分配时比较接近,而在不断裂纤维比例较大时,雪崩尺寸分布整体上近似呈现幂律关系。

纤维束所表现出的以上性质说明,不断裂纤维的存在对断裂过程产生了显著的影响。在微观方面,η 的不同使得断裂的雪崩过程出现了不同的统计性质;而在宏观方面,高强度的不断裂纤维使得纤维束具有更强的负载能力以及更长的断裂弛豫过程。

(2)应用数值模拟方法详细研究了强无序的连续损伤纤维束模型。在该模型中考虑了两个主要参数:纤维的最大损伤次数期望值 κ 和残余强度。模拟结果显示,临界应力和负载加载步数随着 κ 的变化具有类似的关系,在 κ 较小时,随着 κ 的增大呈幂律增加,而在 κ 较大时,则达到饱和值。在 κ 较大时,该模型的性质则主要受到模型尺寸的影响。

另外,模型在各参数选择下雪崩尺寸分布均符合幂律分布。但雪崩尺寸分布的幂律指数明显与平均应力再分配时不同,说明此时雪崩尺寸分布不再具有平均应力再分配时的普适性。另外,本章模拟中假设了最大损伤次数符合 Poisson 分布,如果换成常用的 Weibull 分布后,对以上结果没有实质性的影响,仅仅影响了临界应力、最大雪崩尺寸和负载加载步数等具体的取值。总之,以上结果说明强无序连续损伤纤维束模型可以描述更加广泛的材料,如木材和珍珠母等具有非单调本构关系的强无序复合材料的断裂。

(3) 构建了可变杨氏模量的黏滑纤维束模型。该模型在黏滑动动力学模型的基础上考虑了黏滑过程中杨氏模量的变化。在应力加载型拉伸条件下,考虑平均应力再分配,利用解析近似和数值模拟方法对模型进行了研究,并得出结论:

最大黏滑次数 K_{max} 对模型的宏观性质和微观机制均产生了显著影响。在杨氏模量减小的情况下,K_{max} 主要改变了应力-应变关系中最大应变的取值。而在杨氏模量增加的情况下,K_{max} 则主要影响了拉伸过程中的临界应力。在微观断裂机制方面,不管是杨氏模量增加还是减小的情况下,雪崩尺寸分布的幂指数均随着 K_{max} 的增大而单调减小。

杨氏模量在黏滑过程中减小时,本构曲线出现明显的局域塑性状态,这使得纤维束在最终断裂前能够承担更大的应变。而当 $\alpha>1.0$ 时,随着 α 的增加,系统表现出更加明显的脆性状态。纤维束的雪崩尺寸所具有的幂律分布并没有受到杨氏模量变化的影响,杨氏模量变化系数 α 仅仅影响了幂律分布的幂指数。随着杨氏模量变化系数的增加,最大雪崩尺寸逐渐下降,这说明空间关联强度相应地逐渐降低。

综上所述,引入的可变杨氏模量的黏滑纤维束模型具有更加广泛的应用范围,能够更好地描述大量生物纤维非单调的应力-应变关系。

(4) 构建了多线性纤维束模型,假设纤维在最终脆性断裂前能够经历若干次杨氏模量的衰变。在准静态应力控制型拉伸条件下,通过解析近似和数值模拟两种方法对该模型的宏观断裂性质和微观断裂机制进行了分析,并对两种方法得到的结果进行了比较。

在该模型中,纤维最大衰变次数 K_{max} 对宏观断裂性质产生了显著影响,模型的本构行为说明该模型可以描述多种微结构的拉伸性质。相对而言对断裂统计性质的影响则较小。多线性纤维束的雪崩尺寸分布呈现出和经典纤维束在平均应力再分配下类似的幂律分布。K_{max} 对系统雪崩尺寸分布的幂律指数几乎无影响,说明多线性纤维束的断裂统计性质与 K_{max} 之间没有明确的关系。负载加载步数与 K_{max} 之间具有近似线性关系,这也说明了 K_{max} 对微观断裂机制没有产生可观的影响。

随着杨氏模量衰变系数 α 的增大,临界应力单调增加,而宏观本构行为特别是本构曲线的形状与 α 的取值无关。在断裂统计性质方面,α 的取值仅仅对雪崩尺寸分布产生了细微的影响。

　　总之,多线性纤维束模型相比双线性纤维束模型能够描述更加广泛的拉伸断裂过程。在 K_{max} 取值较大时,纤维的本构曲线趋于平滑,此时该模型可以很好地描述一些具有平滑非线性本构行为的微结构材料。

　　(5)对最近邻应力再分配下的纤维束模型,构建了分段统计的分析方法,通过数值模拟得到了纤维断裂根数、最大雪崩尺寸和平均雪崩尺寸在拉伸过程中的变化关系,同时对各演化关系拟合出了相应的函数关系。

　　纤维断裂根数随着拉伸过程在宏观断裂点附近的巨变说明在宏观断裂点附近存在着一个由部分断裂到最终宏观断裂的相变。在各分段内的雪崩尺寸分布依然能够很好地满足幂率分布,随着拉伸的进行,各分段内雪崩尺寸分布的幂率分布指数逐渐减小,说明雪崩越来越集中。当系统接近于宏观断裂点时,也就是在最后的拉伸分段内,雪崩尺寸分布存在着一个渡越行为,这一渡越行为为理论上预测材料的宏观断裂提供了可能。

　　总之,模型中各断裂参量随着拉伸的演化反映了实际无序材料在拉伸断裂过程中的性质。对最近邻应力再分配下纤维束模型断裂渡越行为的研究是对平均应力再分配下一系列研究的有益补充,可以反映实际材料在拉伸断裂过程中裂纹前沿的应力集中效应。当然,要想建立对某类特殊材料宏观断裂的理论预测方法,未来还需要研究基于各种不同断裂性质的扩展纤维束模型。

　　(6)将平均应力再分配的脆性-塑性混合纤维束模型推广到了最近邻应力再分配形式。应用数值模拟的方法分别分析了塑性纤维比例 α 和相对塑性强度 κ 两个主要影响因素对模型断裂雪崩过程的影响。

　　对于宏观力学性质,塑性纤维比例 α 主要影响了拉伸过程中的临界应力,模拟结果表明临界应力、最大雪崩尺寸和负载加载步数都和 α 近似满足幂率关系。当然,进一步证明这一关系还有待于对更大尺寸模型的模拟和构建更加优化的近似模型。在雪崩的统计性质方面,随着塑性纤维比例的增加,雪崩尺寸分布不管是在平均应力再分配下还是在最近邻应力再分配下都逐渐远离幂率分布。

　　模型的另外一个影响参数相对塑性强度 κ 同样对模型的拉伸断裂性质产生了复杂的影响。在宏观力学性质方面,参数 κ 主要影响了最大应变而非临界应力。当 κ 达到 2.0 后,临界应力和最大雪崩尺寸都趋于一个常数,说明单根纤维的塑性强度仅对模型的断裂过程产生了非常有限的影响。而在模型断裂的统计性质方面,塑性纤维雪崩尺寸分布并不符合幂率分布。只有在参数 κ 取值较大时,较大尺寸雪崩对应的尺寸分布趋于幂率分布形式。

　　相比较而言,比例 α 主要影响了模型断裂统计性质即雪崩尺寸分布,而单根纤维的塑性强度则主要影响了达到临界应力后模型的雪崩过程。在本模型中,不同的阈值分布形式对模型拉伸断裂性质与两个主要参数之间的关系没有产生实质性影响,仅仅影响了断裂参数的具体数值。脆性-塑性纤维束模型的模拟工作表明在脆性材料中加入塑性纤维不仅能有效提高材料的断裂强度,而且能够改变材料雪崩断裂的统计性质。

(7)构建了一个含缺陷的扩展纤维束模型,考虑到实际材料中可能出现的缺陷,在纤维束模型中考虑了由缺陷所引起的相应断裂阈值分布的变化。实际材料中缺陷的尺寸和密度用模型中损伤系数 κ 和比例 α 来表示。在平均应力再分配下的应力控制型拉伸条件下,通过数值模拟和解析近似得到了模型断裂的宏观力学性质和断裂统计性质。

在初始断裂阈值为均匀分布的情况下,κ 和 α 仅仅改变了两种不同的阈值分布所占的比例,对于较大的阈值和较小的阈值,在局部仍然满足均匀分布。而对于初始阈值分布为 Weibull 分布的情况,κ 和 α 对初始的 Weibull 分布产生了实质性影响。因此,相比初始阈值分布为均匀分布的情况,在 Weibull 分布下,缺陷对模型的断裂性质的影响更加明显。然而,不管是在均匀分布下还是在 Weibull 分布下,模型的雪崩尺寸分布几乎不受缺陷的影响。结合大量对纤维束模型的研究结果可以做出大胆地推测,在平均应力再分配下,具体的阈值分布对模型的雪崩尺寸分布产生的影响几乎可以忽略不计。

以上仅仅考虑了平均应力再分配方式,而最近邻应力再分配下裂纹前沿的应力集中效应对模型拉伸断裂性质也将有显著的影响。在最近邻应力再分配下,从宏观力学性质来看,系数 κ 相比比例 α 对模型的本构曲线产生的影响更加复杂,但两者都没有对拉伸断裂过程的本构曲线产生实质性影响。本构曲线和比例 α 之间存在着单调的关系,随着缺陷密度的增加,临界应力和最大应变都单调减小。而本构曲线和系数 κ 之间却出现非单调关系,这是因为当 $\kappa = 0.1$ 时,缺陷纤维的断裂阈值在原有阈值基础上乘以 0.1,使得较易断裂的脆弱纤维的比例急剧增加,从根本上改变了纤维束的阈值分布形式。引入缺陷后并没有改变每一根纤维的脆性断裂性质,但是宏观的本构曲线却表现出一定的非脆性断裂性质。

从断裂统计性质上来说,在不同的系数 κ 和比例 α 下,整体雪崩尺寸分布都不严格满足幂率分布,这和最近邻应力再分配下其他模型得到的结果是一致的。但是对于较小尺寸的雪崩来说,局域的雪崩尺寸分布趋于幂率分布,系数 κ 和比例 α 仅对幂率分布指数产生了细微的影响。另一方面,模型参数对最大雪崩尺寸也仅仅产生了微小的影响。实际上,最大雪崩尺寸非常接近系统的尺寸,这说明整个雪崩过程中存在着大量小尺寸的雪崩和一个最终的接近系统尺寸的最大尺寸的雪崩,最邻近应力再分配使得雪崩的尺寸分布更加极端。

总之,含缺陷纤维束模型中的两个主要参数对模型的宏观力学性质和断裂统计性质都产生了显著的影响。当然这里分析的含缺陷的纤维束模型仅仅是应用纤维束模型模拟材料断裂中缺陷影响的一个简单的扩展模型。实际材料中缺陷对材料断裂性质的影响远比本章得到的结果复杂。因此,在以后的工作中,还需要构建更加符合实际材料性质的扩展纤维束模型,例如考虑缺陷的几何尺寸及其分布等。

(8) 应用数值模拟的方法分析了经典纤维束模型的有限尺寸效应。对负载加载方式,同时考虑了平均应力再分配和最近邻应力再分配两种极端情况。纤维的断裂阈值假设符合均匀分布,模拟了尺寸处于 10^9 到 10^{18} 的经典纤维束模型。

在平均应力再分配下,拉伸断裂过程中,除了宏观断裂点附近,系统尺寸几乎没有对模型的本构曲线产生影响。通过一个简单的幂率关系式可以将临界应力和系统尺寸之间的函数关系塌缩为线性形式。同时,应用简单的外推方法,可以得到在系统尺寸趋于无穷大时,模型的临界应力、最大雪崩尺寸和负载加载步数等拉伸断裂参数。而在统计性质方面,通过一个简单的标度关系可以将雪崩尺寸分布塌缩成相同的函数关系。雪崩尺寸幂率分布随对应的幂率分布指数几乎没有受到有限尺寸效应的影响,但对大尺寸系统进行模拟还是有助于更加精确地确定幂率指数。以上模型各方面性质的有限尺寸效应都反映了模型的拉伸断裂时应力再分配的长程关联性质。因此,对于宏观力学性质和断裂的统计性质来讲,模型并不存在特征尺寸或截断尺寸。

在最近邻应力再分配下,拉伸断裂过程中的临界应力和最大应变受到系统尺寸的影响比较明显。和平均应力再分配时类似,最大雪崩尺寸和系统尺寸之间具有近似的线性关系。通过简单的外推方法就可以得到,在系统尺寸足够大时,最大雪崩尺寸趋于系统的尺寸。而临界应力和负载加载步数和系统尺寸之间存在着更为复杂的函数关系,不能通过简单的外推方法得到系统尺寸趋于无限大时的极限结果。和其他扩展纤维束模型类似,这里模拟得到的雪崩尺寸分布并不符合幂率关系,同时雪崩尺寸分布也不能使用简单的标度函数进行塌缩。

总之,平均应力再分配和最近邻应力再分配下纤维束模型都具有显著的有限尺寸效应。以上引入的简单的外推方法有助于通过模拟得到大尺寸极限下模型的拉伸断裂性质,更有利于和解析近似的理论结果进行比较。相比较而言,最近邻应力再分配下模型的有限尺寸效应比平均应力再分配下模型的有限尺寸效应更加复杂同时也充满争议。当然,以上对纤维束模型的有限尺寸效应的分析是建立在对经典纤维束模型的定义基础之上的,对分析结果适用范围的探索和可靠性的证明还需要对更多纤维束模型进行模拟研究。

(9) 为了能够描述各种混合纤维状材料的拉伸断裂性质,需要考虑不同种类的纤维可能具有不同的弹性模量,引入了杨氏模量分布的纤维束模型。在该模型中,假设杨氏模量在 $[E_{min}, 1]$ 之间呈幂指数分布,因此,主要影响变量为最

小杨氏模量 E_{min} 和幂指数 α。在研究 E_{min} 的影响时,固定 $\alpha=1$,而在研究 α 的影响时,则固定 $E_{min}=0.1$。通过杨氏模量分布曲线,可以主观地看出在不同参量下,模型杨氏模量的分布情况。对模型应用解析近似方法和数值模拟方法可以得到该纤维束模型所具有的宏观力学性质和断裂统计性质。

在 $\alpha=1$ 时,E_{min} 主要影响了模型的宏观力学性质,随着 E_{min} 的增大,宏观断裂对应的临界应变单调减小,相应的临界应力则单调增加。当 E_{min} 增大到 1 附近时,临界应力的增加出现饱和,最终趋向于 2.5,说明模型的宏观断裂性质趋于经典纤维束模型的结果。而在断裂的统计性质方面,不同 E_{min} 取值下,雪崩尺寸分布几乎没有变化。结合已有的大量研究结果说明,雪崩尺寸分布主要受到应力再分配方式和单根纤维的断裂性质的影响,杨氏模量和纤维的阈值分布对雪崩尺寸分布产生的影响可以忽略不计。

在 $E_{min}=0.1$ 时,α 大幅改变了杨氏模量的分布函数,对杨氏模量分布的影响比较显著。因此,α 从 0.1 到 10 之间取值不同,可以将杨氏模量的分布分为几个区间,在模型的断裂力学性质上也有所体现。幂指数 α 对模型宏观断裂的临界应力、最大雪崩尺寸和负载加载步数的影响则比较复杂。在断裂的统计性质方面,当 α 较小和较大时,模型的雪崩尺寸分布都能很好地满足幂率分布,这和经典纤维束模型相似,但是 α 取值在 2 附近时,则出现了不同。从宏观的力学性质可以看出,当 α 处于 2 附近时,力学性质有较大的变化,在断裂统计性质上也有所体现。

另外,对断裂宏观力学性质的解析近似结果和数值模拟结果的比较发现,在 $\alpha=1$ 时,模型发生宏观断裂时的临界应力随着 E_{min} 变化,解析近似结果和数值模拟结果能够很好地吻合。然而在 $E_{min}=0.1$,临界应力随着 α 的变化关系则吻合得不够好,特别是在 α 的取值在 1~7 之间时。产生这一差异的主要原因应该是数值模拟中选取纤维束模型尺寸产生了有限尺寸效应,在后续的研究中,将考虑模型的有限尺寸效应修正。

（10）在实际材料断裂断裂过程中,缺陷的影响是不可忽视的,但仅考虑单纤维缺陷还不足以描述实际材料中复杂的缺陷形貌。为此在纤维束模型中引入了团簇状缺陷,构建了含团簇状缺陷的纤维束模型,分别在平均应力再分配和最近邻应力再分配下模拟研究了缺陷参数对模型拉伸断裂性质的影响。

在平均应力再分配下分析发现,缺陷参数和系统尺寸对系统的断裂力学性质和断裂过程都有一定的影响,而缺陷参数没有对雪崩尺寸分布产生影响。固定极限缺陷尺寸 $\beta=150$,改变缺陷个数发现,临界应力和临界应变都会随着缺陷个数 α 的增加而减小。最大雪崩尺寸和负载加载步数随着缺陷个数 α 均呈非线性变化,而且在模拟范围内都出现了极值,此时系统的负载加载步数取最大值,而最大雪崩尺寸取最小值,说明此时系统韧性最强。说明在材料中存在一定尺寸和个数的缺陷虽然会减少系统的强度,却可能延缓其微观断裂过程。同时,缺陷中心纤维缺陷程度以及缺陷内部的缺陷程度空间衰减方式都会对材料的承受负载能力和韧性产生影响。

固定缺陷个数 $\alpha=800$,改变模型的极限缺陷尺寸 β,模拟发现,系统依然具有良好的脆性断裂性质,临界应力随着极限缺陷尺寸 β 的增大单调减小。对断裂统计性质而言,在极限缺陷尺寸 β 取值较小时,负载加载步数和最大雪崩尺寸几乎不受 β 取值的影响,说明此时缺陷尺寸对模型断裂进程的影响可以忽略。而当极限缺陷尺寸 β 较大时,最大雪崩尺寸较小,相应地负载加载步数增加,此时系统具有更大的韧性。由于极限缺陷尺寸仅仅改变了模型中纤维断裂阈值的分布,所以并没有对模型的雪崩尺寸分布产生影响。

此外,缺陷中心纤维缺陷程度以及缺陷内部的缺陷程度空间衰减方式都会对材料的承受负载能力和韧性产生影响。而对不同尺寸的含团簇状缺陷纤维束模型的模拟发现,在不同的系统尺寸下,模型断裂性质与缺陷大小和缺陷个数的关系均有所不同。在尺寸较大时,不管是缺陷大小还是缺陷个数对临界应力的影响都比较小;而在系统尺寸较小时,这两个缺陷参数对临界应力的影响则较大。说明对纤维束来说,缺陷对系统大小的比值也就是相对缺陷大小应更有意义。

而在最近邻应力再分配下,分析发现,当极限缺陷尺寸比较大的时候,即使缺陷个数很少,依然会对宏观和微观断裂过程造成比较大的影响。随着缺陷个数 α 的增加,不同缺陷间的重叠竞争也越发激烈,但是对断裂过程的影响却相对 α 较小时减缓了。最大雪崩尺寸和负载加载步数随着 α 的变化关系会出现极值,进一步分析极值出现的条件发现,随着 β 值的增加极值对应的 α 值不断减小,这说明增加缺陷尺寸在一定程度上也会增加缺陷间的竞争。当极限缺陷尺寸比较小时,其对断裂过程影响并不大;而随着极限缺陷尺寸的增加,其对模型断裂过程的影响越来越显著。增加缺陷个数 α 和极限缺陷尺寸 β,临界应力都会单调减小即纤维束系统强度逐渐减小。但是值得注意的是,在 β 取值较大时,α 对 σ_c 的影响逐渐平缓,而 β 对 σ_c 的影响逐渐加强。当缺陷尺寸比较小时雪崩尺寸分布满足幂次规律,缺陷个数和极限缺陷尺寸对雪崩尺寸分布几乎没有影响。

在各种系统尺寸下,临界应力随着缺陷个数的增加单调地减小,最大雪崩尺寸和负载加载步数随着缺陷个数的变化与不同缺陷尺寸下最大雪崩尺寸和负载加载步数随着缺陷个数变化的情况很相似,都在出现了极值。当缺陷个数增加到极值点时,最大雪崩尺寸逐渐增加,相应地负载加载步数逐渐减少,系统更容易在经历少数大尺寸雪崩后发生宏观断裂。而当缺陷个数由极值点继续增加时,最大雪崩尺寸开始减少,而负载加载步数则开始增加,此时,系统具有更强的韧性,在拉伸过程中更不容易发生脆性断裂。团簇状缺陷尺寸的大小是相对于系统尺寸而言的,当系统尺寸足够大时团簇状缺陷相对小,此时缺陷重叠现象也会很少。增加系统尺寸相当于减小了团簇状缺陷尺寸。在各种系统尺寸下,最大雪崩尺寸和负载加载步数随着极限缺陷尺寸的变化趋势都相同,增加缺陷尺寸会导致微观断裂进程加速,继续增加缺陷尺寸到极限值,系统有达到脆性断裂的趋势,此时微观断裂进程没有受到系统尺寸的影响。

14.2 展望

近二三十年,纤维束模型及其各种扩展模型得到了较深入的研究,通过研究这些模型对各种材料的断裂雪崩过程进行了理论分析。由于纤维束模型相对比较简单,在更加精准地分析具体材料的断裂过程中遇到了困难。另外,由于经典纤维束模型的假设较简单,没有考虑材料微观断裂点的纵向位置,因此不能描述材料拉伸断裂中的一个重要的性质即拉伸断裂面的形貌特征。拉伸断裂面是材料在发生宏观的断裂后在表面或材料中形成的裂纹或断裂面的统称,断裂面的形貌特征受到材料微观结构性质、应力加载方式、断裂过程等因素的影响。研究各种影响因素特别是材料微观结构性质对断裂面形貌的影响具有重要的意义,可以为通过断裂面形貌判断材料微观结构性质提供理论依据。

为应用纤维束模型研究材料的拉伸断裂面形貌,在经典纤维束模型的基础上,考虑纤维强度的纵向无序性和断裂后应力再分配的纵向局域性,构建了能够描述断裂面形貌的扩展纤维束模型。应用二维扩展纤维束模型,可以模拟准二维薄板材料在拉伸断裂后所形成的一维断裂面。在系统尺寸 $N = 200$,纵向关联长度 $cl = 10$,横向应力分配方式为平均应力再分配时,模拟得到的拉伸断裂面形貌如图 14-1 所示。该表面形貌和材料表面粗糙生长所形成的粗糙化表面具有类似的标度性质,可以通过计算粗糙表面的局域表面宽度、高度差关联函数和结构因子来分析表面的标度性质。

在实际模拟中考虑横向平均应力再分配,选择系统尺寸 $N = 10^5$,纵向关联长度 $cl = 15$,并对 1 000 次模拟结果进行系综平均。假设横坐标 x 处的表面高度表示为 $h(x)$,则窗口尺寸为 l 时的局域表面宽度 $w(l)$ 可以表示为:

$$w^2(l) = \frac{1}{l} \sum_x \left[h_l(x) - \overline{h_l(x)} \right]^2 \qquad (14\text{-}1)$$

局域表面宽度 w 与窗口尺寸 l 之间满足以下形式的标度律:

$$w(l) \sim l^{\alpha_{\text{loc}}} \qquad (14\text{-}2)$$

其中 α_{loc} 为局域粗糙度指数。当窗口尺寸 l 等于系统尺寸 L 时,$W(L)$ 即为整体

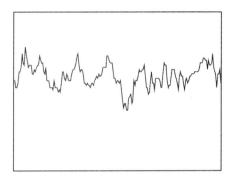

图 14-1　二维扩展纤维束模型模拟得到的一维断裂面形貌

表面宽度,整体表面宽度和系统尺寸之间满足以下形式的标度律:

$$W(L) \sim L^{\alpha} \tag{14-3}$$

其中 α 为整体粗糙度指数。如图 14-2 所示,在窗口尺寸较小时,局域表面宽度随着窗口尺寸的增加近似呈幂律增加,在窗口尺寸较大时,局域表面宽度出现饱和。在双对数坐标系中,$w(l)$ 曲线前半段并不是完全线性的,这说明系统存在着较显著的有限尺寸效应。图中标注直线表示得到的局域粗糙度指数 $\alpha_{loc} = 0.41$。插图是整体粗糙度指数随着系统尺寸的变化,在双对数坐标系中,直线表明整体粗糙度指数 $\alpha = 0.04$。整体粗糙度指数和局域粗糙度指数差别明显,说明该断裂面具有显著的奇异标度性质。按照 Szendro 和 López 等[183] 提出的产生奇异标度性的分类方法,该断裂面的奇异标度性属于固有奇异标度性。

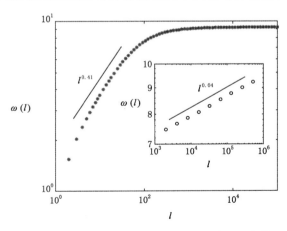

图 14-2　局域表面宽度 $w(l)$ 随窗口尺寸 l 的变化

(插图是整体表面宽度随着系统尺寸 L 的变化关系,图中均是双对数坐标)

表面的高度差关联函数同样可以用来分析表面的粗糙度指数,高度差关联函数的定义为:

$$G(l) = \frac{1}{l} \langle [h(x+l) - h(x)]^2 \rangle_x \tag{14-4}$$

高度差关联函数满足以下形式的标度律:

$$G(l) \sim l^{2\alpha_{loc}} \tag{14-5}$$

理论上和局域表面宽度的平方满足相同的标度律,从图 14-3 可以看出,在双对数坐标系中,由拟合直线的斜率可得 $\alpha_{loc} = 0.42$。

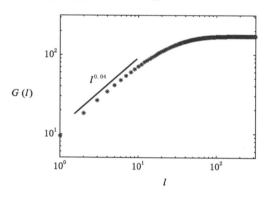

图 14-3　断裂面的高度差关联函数 G 随着步长 l 的变化

另外,表面结构因子与高度差关联函数包含着相同的标度信息,同样可以用来研究粗糙表面的标度行为。表面结构因子在 Fourier 空间用表面高度定义为:

$$S(K) = \langle h(K)h(-K) \rangle \tag{14-6}$$

其中 $h(K)$ 为表面高度 $h(x)$ 的 Fourier 变换:

$$h(K) = \frac{1}{2\pi} \int h(x) \exp(-iKx) dx \tag{14-7}$$

结构因子 $S(K)$ 满足以下形式的标度律:

$$S(K) \sim K^{-(1+2\alpha_{loc})} \tag{14-8}$$

如图 14-4 所示,由图中标注的拟合直线可以看出,通过表面结构因子计算得到的局域粗糙度指数为 $\alpha_{loc} = 0.43$。

由以上分析可以看出,应用表面宽度、高度差关联函数和结构因子来分析断裂面的粗糙度指数是切实可行的。相比较而言,在双对数坐标系中,结构因子表现出更好的线性,局域表面宽度和关联函数则受到了有限尺寸效应的影响。

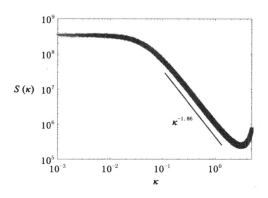

图 14-4　断裂面的结构因子

　　应用扩展纤维束模型研究材料拉伸断裂面的形貌特征具有重要的理论和应用价值,同时也具有可行性。然而,为了更好地描述各种材料在拉伸断裂时所形成的形态各异的断裂面,还需要对以上简单的扩展纤维束模型进行深入研究,尝试构建更加符合实际材料断裂过程的扩展纤维束模型。

参 考 文 献

[1] DA VINCI L,UCCELLI A. I libri di meccanica[M]. Milano:Hoepli,1940.

[2] GALILEI G. Discorsi e Dimostrazioni matematiche intorno a due nuove scienze[M]. Torino:Boringhieri,1958.

[3] GRIFFITH A A. The phenomena of rupture and flow in solids[J]. Philosophical transactions of the royal society of london series A,1921,221:163-198.

[4] WEIBULL W. A statistical theory of the strength of materials[M]. Stockholm:Generalstabens litografiska anstalts forlag,1939.

[5] MISHNAEVSKY L L. Methods of the theory of complex systems in modelling of fracture:a brief review[J]. Engineering fracture mechanics,1997,56(1):47-56.

[6] MEAKIN P. Fractals,scaling and growth far from equilibrium[M]. Cambridge:Cambridge University Press,1997.

[7] ONUKI A. Phase transition dynamics[M]. Cambridge:Cambridge University Press,2002.

[8] FAMILY F, VICSEK T. Dynamics of fractal surfaces[M]. Hackensack:World Scientific Publishing Company Incorporated,1991.

[9] BHATTACHARYYA P. Geometric models of earthquakes[J]. Lecture notes in physics,2006,705:155-168.

[10] ZAPPERI S,NUKALA P K V V,ŠIMUNOVIĆ S. Crack roughness and avalanche precursors in the random fuse model[J]. Physical review E,2005,71(2):026106

[11] DE ARCANGELIS L, REDNER S, HERRMANN H J. A random fuse model for breaking processes[J]. Journal de physique lettres,1985,46(13):585-590.

[12] PRADHAN S,HANSEN A,CHAKRABARTI B K. Failure processes in elastic fiber bundles[J]. Rev Mod Phys,2010,82(1):499-555.

[13] VAN DEN BORN I C,SANTEN A,HOEKSTRA H D,et al. Mechanical strength of highly porous ceramics [J]. Physical review B, 1991, 43 (4):3794.

[14] SUTHERLAND L S,SHENOI R A,LEWIS S M. Size and scale effects in composites:I. Literature review[J]. Composites science and technology, 1999,59(2):209-220.

[15] KORTEOJA M,SALMINEN L I,NISKANEN K J,et al. Statistical variation of paper strength[J]. Journal of pulp and paper science,1998,24 (1):1-7.

[16] KORTEOJA M,SALMINEN L I,NISKANEN K J,et al. Strength distribution in paper[J]. Materials science and engineering:A,1998,248(1): 173-180.

[17] LU C,DANZER R,FISCHER F D. Fracture statistics of brittle materials:Weibull or normal distribution [J]. Physical review E, 2002, 65 (6):067102.

[18] VAN VLIET M R A,VAN MIER J G M. Experimental investigation of size effect in concrete and sandstone under uniaxial tension[J]. Engineering fracture mechanics,2000,65(2):165-188.

[19] BAŽANT Z P. Probability distribution of energetic-statistical size effect in quasibrittle fracture[J]. Probabilistic engineering mechanics,2004,19(4): 307-319.

[20] DUAN K,HU X,WITTMANN F H. Boundary effect on concrete fracture and non-constant fracture energy distribution[J]. Engineering fracture mechanics,2003,70(16):2257-2268.

[21] LYSAK M V. Development of the theory of acoustic emission by propagating cracks in terms of fracture mechanics[J]. Engineering fracture mechanics,1996,55(3):443-452.

[22] BOHSE J. Acoustic emission characteristics of micro-failure processes in polymer blends and composites[J]. Composites science and technology, 2000,60(8):1213-1226.

[23] DZENIS Y A,SAUNDERS I. On the possibility of discrimination of mixed mode fatigue fracture mechanisms in adhesive composite joints by

advanced acoustic emission analysis[J]. International journal of fracture, 2002,117(4):23-28.

[24] SALMINEN L I,TOLVANEN A I,ALAVA M J. Acoustic emission from paper fracture[J]. Physical review letters,2002,89(18):185503.

[25] LEI X,SATOH T. Indicators of critical point behavior prior to rock failure inferred from pre-failure damage[J]. Tectonophysics,2007,431(1): 97-111.

[26] NECHAD H,HELMSTETTER A,EL GUERJOUMA R,et al. Andrade and critical time-to-failure laws in fiber-matrix composites:experiments and model[J]. Journal of the mechanics and physics of solids,2005,53 (5):1099-1127.

[27] KARDAR M,PARISI G,ZHANG Y C. Dynamic scaling of growing interfaces[J]. Physical review letters,1986,56(9):889-892.

[28] KRUG J. Turbulent interfaces[J]. Physical review letters,1994,72(18): 2907-2910.

[29] YANG H N,WANG G C,LU T M. Instability in low-temperature molecular-beam epitaxy growth of Si/Si (111)[J]. Physical review letters, 1994,73(17):2348-2351.

[30] SARMA S D,GHAISAS S V,KIM J M. Kinetic super-roughening and anomalous dynamic scaling in nonequilibrium growth models[J]. Physical review E,1994,49(1):122.

[31] BOUCHBINDER E,PROCACCIA I,SANTUCCI S,et al. Fracture surfaces as multiscaling graphs [J]. Physical review letters, 2006, 96 (5):055509.

[32] LOPEZ J M,CASTRO M,GALLEGO R. Scaling of local slopes,conservation laws,and anomalous roughening in surface growth[J]. Physical review letters,2005,94(6):1661031.

[33] SORIANO J, RAMASCO J J, RODRiGUEZ M A, et al. Anomalous roughening of Hele-Shaw flows with quenched disorder[J]. Physical review letters,2002,89(2):26102.

[34] BOUCHAUD E. Scaling properties of cracks[J]. Journal of physics-Condensed Matter,1997,9(21):4319-4344.

[35] SEPPäLä E T,RäISäNEN V I,ALAVA M J. Scaling of interfaces in brittle fracture and perfect plasticity [J]. Physical review E, 2000, 61

(6):6312.

[36] MåLøY K J,HANSEN A,HINRICHSEN E L,et al. Experimental measurements of the roughness of brittle cracks[J]. Physical review letters, 1992,68(2):213-215.

[37] DUXBURY P M,BREAKDOWN I E H. Statistical models for the fracture of disordered media[M]. Amsterdam:North-Holland Press,1990.

[38] ALAVA M J,KARTTUNEN M,NISKANEN K J. Residual stresses in plastic random systems[J]. Europhysics Letters,2007,32(2):143.

[39] BHATTACHARYYA P, PRADHAN S, CHAKRABARTI B K. Phase transition in fiber bundle models with recursive dynamics[J]. Physical review E,2003,67(4):046122.

[40] AMITRANO D. Brittle-ductile transition and associated seismicity:Experimental and numerical studies and relationship with the b value[J]. Journal of geophysical research ,2003,108(B1):2044.

[41] GUARINO A,CILIBERTO S,GARCIMARTıN A,et al. Failure time and critical behaviour of fracture precursors in heterogeneous materials[J]. European physical journal B,2002,26(2):141-151.

[42] HEMMER P C,HANSEN A,PRADHAN S. Rupture processes in fibre bundle models[J]. Lecture notes in physics ,2006,705:27-55.

[43] CHAKRABARTI B K. Statistical physics of fracture and earthquake[J]. Lecture notes in physics,2006,705:3-26.

[44] NUKALA P K V V,ZAPPERI S,ŠIMUNOVI ?? S. Statistical properties of fracture in a random spring model[J]. Physical review E, 2005, 71 (6):066106.

[45] SAHIMI M,ARBABI S. Mechanics of disordered solids. II. Percolation on elastic networks with bond-bending forces[J]. Physical review B,1993,47 (2):703-712.

[46] ARBABI S,SAHIMI M. Mechanics of disordered solids. I. Percolation on elastic networks with central forces[J]. Physical review B,1993,47(2): 695-702.

[47] HASSOLD G N,SROLOVITZ D J. Brittle fracture in materials with random defects[J]. Physical review B,1989,39(13):9273-9281.

[48] HERRMANN H J,HANSEN A,ROUX S. Fracture of disordered,elastic lattices in two dimensions[J]. Physical review B,1989,39(1):637-648.

[49] KANTOR Y,WEBMAN I. Elastic properties of random percolating systems[J]. Physical review letters,1984,52(21):1891-1894.

[50] SAHIMI M,GODDARD J D. Elastic percolation models for cohesive mechanical failure in heterogeneous systems[J]. Physical review B,1986,33 (11):7848-7851.

[51] PIERCE F T. Tensile tests for cotton yarns[J]. J Text Inst,1926,17:355.

[52] DANIELS H E. The statistical theory of the strength of bundles of threads. I[J]. Proceedings of the royal society of london series A,1945, 183(995):405-435.

[53] HEMMER P C,HANSEN A. The distribution of simultaneous fiber failures in fiber bundles[J]. :Journal of applied mechanics, 1992, 59 (4): 909-14.

[54] SORNETTE D. Elasticity and failure of a set of elements loaded in parallel[J]. Journal of physics A,1999,22(6):L243.

[55] PRADHAN S,CHAKRABARTI B K. Precursors of catastrophe in the Bak-Tang-Wiesenfeld,Manna,and random-fiber-bundle models of failure [J]. Physical review E,2001,65(1):016113.

[56] PRADHAN S,HANSEN A,HEMMER P C. Crossover Behavior in Burst Avalanches:Signature of Imminent Failure[J]. Physical review letters, 2005,95(12):125501.

[57] PRADHAN S,HEMMER P C. Relaxation dynamics in strained fiber bundles[J]. Physical review E,2007,75(5):056112.

[58] PRADHAN S,BHATTACHARYYA P,CHAKRABARTI B K. Dynamic critical behavior of failure and plastic deformation in the random fiber bundle model[J]. Physical review E,2002,66(1):016116.

[59] BERNARDES A T,MOREIRA J G. Model for fracture in fibrous materials[J]. Physical review B,1994,49(21):15035-15039.

[60] HANSEN A,HEMMER P C. Burst avalanches in bundles of fibers:Local versus global load-sharing[J]. Physics letters A,1994,184(6):394-396.

[61] GóMEZ J B,IñIGUEZ D,PACHECO A F. Solvable fracture model with local load transfer[J]. Physical review letters,1993,71(3):380-383.

[62] KLOSTER M,HANSEN A,HEMMER P C. Burst avalanches in solvable models of fibrous materials [J]. Physical review E, 1997, 56 (3): 2615-2625.

[63] BATROUNI G G,HANSEN A. Fracture in three-dimensional fuse networks[J]. Physical review letters,1998,80(2):325-328.

[64] MORENO Y,GóMEZ J B,PACHECO A F. Fracture and Second-Order Phase Transitions[J]. Physical review letters,2000,85(14):2865-2868.

[65] ZAPPERI S,RAY P,STANLEY H E,et al. First-Order Transition in the Breakdown of Disordered Media[J]. Physical review letters,1997,78(8): 1408-1411.

[66] PRADHAN S,BIKAS K C. Failure properties of fiber bundle models[J]. International Journal of Modern Physics B,2003,17(29):5565-5581.

[67] KUN F,HERRMANN H J. Damage development under gradual loading of composites[J]. Journal of materials science,2000,35(18):4685-4693.

[68] DILL-LANGER G,HIDALGO R C,KUN F,et al. Size dependency of tension strength in natural fiber composites[J]. Physica A,2003,325(3): 547-560.

[69] KUN F,RAISCHEL F,HIDALGO R C,et al. Extensions of fibre bundle models[J]. Lecture notes in physics,2006,705:57-92.

[70] HIDALGO R C,MORENO Y,KUN F,et al. Fracture model with variable range of interaction[J]. Physical review E,2002,65(4):046148.

[71] HIDALGO R C,ZAPPERI S,HERRMANN H J. Discrete fracture model with anisotropic load sharing[J]. Journal of statistical mechanics,2008, 2008(01):P01004.

[72] RAISCHEL F,KUN F,HERRMANN H J. Local load sharing fiber bundles with a lower cutoff of strength disorder[J]. Physical review E,2006, 74(3):035104.

[73] PRADHAN S,CHAKRABARTI B K,HANSEN A. Crossover behavior in a mixed-mode fiber bundle model[J]. Physical review E, 2005, 71 (3):036149.

[74] SINHA S,KJELLSTADLI J T,HANSEN A. Local load-sharing fiber bundle model in higher dimensions [J]. Physical review E, 2015, 92 (2):020401.

[75] BISWAS S,CHAKRABARTI B K. Self-organized dynamics in local load-sharing fiber bundle models[J]. Physical review E,2013,88(4):042112.

[76] BISWAS S,SEN P. Maximizing the Strength of Fiber Bundles under Uniform Loading[J]. Physical review letters,2015,115(15):155501.

[77] BISWAS S,GOEHRING L. Interface propagation in fiber bundles:local, mean-field and intermediate range-dependent statistics[J]. New Journal of physics,2016,18(10):103048.

[78] ROY S. Predictability and strength of a heterogeneous system:The role of system size and disorder[J]. Physical review E,2017,96(4):042142.

[79] PRADHAN S, HANSEN A. Failure properties of loaded fiber bundles having a lower cutoff in fiber threshold distribution[J]. Physical review E,2005,72(2):026111.

[80] PRADHAN S,HANSEN A,HEMMER P C. Crossover behavior in failure avalanches[J]. Physical review E,2006,74(1):016122.

[81] PRADHAN S,HEMMER P C. Breaking-rate minimum predicts the collapse point of overloaded materials[J]. Physical review E, 2009, 79 (4):041148.

[82] PRADHAN S. Can we predict the failure point of a loaded composite material? [J]. Computer Physics Communications , 2011, 182 (9): 1984-1988.

[83] KAWAMURA H. Spatiotemporal correlations of earthquakes[J]. Lecture notes in physics,2006,705:223-257.

[84] ROY C,KUNDU S,MANNA S S. Fiber bundle model with highly disordered breaking thresholds[J]. Physical review E,2015,91(3):032103.

[85] DANKU Z,KUN F. Fracture process of a fiber bundle with strong disorder[J]. Journal of statistical mechanics,2016,7(7):073211.

[86] KÁDÁR V,DANKU Z,KUN F. Size scaling of failure strength with fat-tailed disorder in a fiber bundle model[J]. Physical review E,2017,96(3):033001.

[87] KÁDÁR V,KUN F. System-size-dependent avalanche statistics in the limit of high disorder[J]. Physical review E,2019,100(5):053001.

[88] KÁDÁR V,PÁL G,KUN F. Record statistics of bursts signals the onset of acceleration towards failure[J]. Scientific reports,2020,10(1):2508.

[89] POLITI A,CILIBERTO S,SCORRETTI R. Failure time in the fiber-bundle model with thermal noise and disorder[J]. Physical review E,2002,66 (2):026107.

[90] SCORRETTI R,CILIBERTO S,GUARINO A. Disorder enhances the effects of thermal noise in the fiber bundle model[J]. Europhysics Let-

ters,2001,55(5):626-632.

[91] ROUX S. Thermally activated breakdown in the fiber-bundle model[J]. Physical review E,2000,62(5):6164-6169.

[92] YOSHIOKA N,KUN F,ITO N. Size Scaling and Bursting Activity in Thermally Activated Breakdown of Fiber Bundles[J]. Physical review letters,2008,101(14):145502.

[93] YOSHIOKA N,KUN F,ITO N. Kertész line of thermally activated breakdown phenomena[J]. Physical review E,2010,82(5):055102.

[94] LEHMANN J,BERNASCONI J. Stochastic load-redistribution model for cascading failure propagation[J]. Physical review E,2010,81(3):031129.

[95] LEHMANN J, BERNASCONI J. Breakdown of fiber bundles with stochastic load-redistribution[J]. Chem Phys,2010,375(2):591-599.

[96] YOSHIOKA N,KUN F,ITO N. Kinetic Monte Carlo algorithm for thermally induced breakdown of fiber bundles[J]. Physical review E,2015,91(3):033305.

[97] KöREI R,KUN F. Time-dependent fracture under unloading in a fiber bundle model[J]. Physical review E,2018,98(2):023004.

[98] KUN F,ZAPPERI S,HERRMANN H J. Damage in fiber bundle models [J]. European physical journalB,2000,17(2):269-279.

[99] HIDALGO R C,KUN F,HERRMANN H J. Bursts in a fiber bundle model with continuous damage [J]. Physical review E, 2001, 64(6):066122.

[100] HIDALGO R C,KUN F,KOVáCS K,et al. Avalanche dynamics of fiber bundle models[J]. Physical review E,2009,80(5):051108.

[101] GREEN D J,TANDON R,SGLAVO V M. Crack arrest and multiple cracking in glass through the use of designed residual stress profiles[J]. Science,1999,283(5406):1295-1297.

[102] RAISCHEL F,KUN F,HERRMANN H J. Continuous damage fiber bundle model for strongly disordered materials[J]. Physical review E, 2008,77(4):046102.

[103] DIVAKARAN U,DUTTA A. Critical behavior of random fibers with mixed Weibull distribution[J]. Physical review E,2007,75(1):011109.

[104] DIVAKARAN U,DUTTA A. Critical behaviour of mixed fibres with uniform distribution[J]. Lecture notes in physics,2006,705:515-520.

[105] DIVAKARAN U,DUTTA A. Effect of discontinuity in the threshold distribution on the critical behavior of a random fiber bundle[J]. Physical review E,2007,75(1):011117.

[106] DIVAKARAN U,DUTTA A. Random fiber bundle with many discontinuities in the threshold distribution[J]. Physical review E, 2008, 78 (2):021118.

[107] BOSIA F,BUEHLER M J,PUGNO N M. Hierarchical simulations for the design of supertough nanofibers inspired by spider silk[J]. Physical review E,2010,82(5):056103.

[108] ROY C,MANNA S S. Brittle to quasibrittle transition in a compound fiber bundle[J]. Physical review E,2019,100(1):012107.

[109] RAISCHEL F,KUN F,HERRMANN H J. Failure process of a bundle of plastic fibers[J]. Physical review E,2006,73(6):066101.

[110] FAILLETTAZ J, OR D. Failure criterion for materials with spatially correlated mechanical properties [J]. Physical review E, 2015, 91 (3):032134.

[111] PATINET S,VANDEMBROUCQ D,HANSEN A,et al. Cracks in random brittle solids[J]. European physical journalSpec Top, 2014, 223 (11):2339-2351.

[112] KARPAS E,KUN F. Disorder-induced brittle-to-quasi-brittle transition in fiber bundles[J]. Europhysics Letters,2011,95(1):16004.

[113] HOPE S M,HANSEN A. Burst distribution in noisy fiber bundles and fuse models[J]. Physica A,2009,388(21):4593-4599.

[114] MENEZES-SOBRINHO I L,RODRIGUES A L S. Influence of disorder on the rupture process of fibrous materials[J]. Physica A, 2010, 389 (24):5581-5586.

[115] KARPAS E D,KUN F. Blending stiffness and strength disorder can stabilize fracture[J]. Physical review E,2016,93(3):033002.

[116] DANKU Z,ÓDOR G,KUN F. Avalanche dynamics in higher-dimensional fiber bundle models[J]. Physical review E,2018,98(4):042126.

[117] ROY C, MANNA S S. Brittle-to-quasibrittle transition in bundles of nonlinear elastic fibers[J]. Physical review E,2016,94(3):032126.

[118] BISWAS S,ZAISER M. Avalanche dynamics in hierarchical fiber bundles[J]. Physical review E,2019,100(2):022133.

[119] MORETTI P,DIETEMANN B,ESFANDIARY N,et al. Avalanche pre-cursors of failure in hierarchical fuse networks[J]. Scientific reports, 2018,8(1):12090.

[120] ROY S,HATANO T. Creeplike behavior in athermal threshold dynam-ics: Effects of disorder and stress [J]. Physical review E, 2018, 97 (6):062149.

[121] ROY S,BISWAS S,RAY P. Failure time in heterogeneous systems[J]. Physical review research,2019,1(3):033047.

[122] HENDRICK M,PRADHAN S,HANSEN A. Mesoscopic description of the equal-load-sharing fiber bundle model[J]. Physical review E,2018, 98(3):032117.

[123] SCHRAMM O. Scaling limits of loop-erased random walks and uniform spanning trees[J]. Israel journal of mathematics,2000,118(1):221-288.

[124] MANZATO C,SHEKHAWAT A,NUKALA P K V V,et al. Fracture strength of disordered media: universality,interactions,and tail asymp-totics[J]. Physical review letters,2012,108(6):065504.

[125] SORNETTE D. Statistical physics of rupture in heterogeneous media [J]. Handbook of materials modeling,2005,1313-1331.

[126] DUXBURY P M,BEALE P D,LEATH P L. Size effects of electrical breakdown in quenched random media[J]. Physical review letters,1987, 59(1):155.

[127] ARCANGELIS L D. Scaling behaviour in fracture models[J]. Physica scripta,1989,1989(T29):234.

[128] PHANI KUMAR V V N,SRDAN Š,STEFANO Z. Percolation and lo-calization in the random fuse model[J]. Journal of statistical mechanics, 2004,2004(08):P08001.

[129] NUKALA S,NUKALA P K V V,ŠIMUNOVIĆ S,et al. Crack-cluster distributions in the random fuse model[J]. Physical review E,2006,73 (3):036109.

[130] TOUSSAINT R,HANSEN A. Mean-field theory of localization in a fuse model[J]. Physical review E,2006,73(4):046103.

[131] BAKKE J Ø H,HANSEN A. Mapping of the roughness exponent for the fuse model for fracture [J]. Physical review letters, 2008, 100 (4):045501.

[132] OTOMAR D R,MENEZES-SOBRINHO I L,COUTO M S. Experimental realization of the fuse model of crack formation[J]. Physical review letters,2006,96(9):095501.

[133] HIDALGO R C,KOVÁCS K,PAGONABARRAGA I,et al. Universality class of fiber bundles with strong heterogeneities[J]. Europhysics letters,2008,81(5):54005.

[134] ZAPPERI S,RAY P,STANLEY H E,et al. Avalanches in breakdown and fracture processes[J]. Physical review E,1999,59(5):5049-5057.

[135] ZAPPERI S,VESPIGNANI A,STANLEY H E. Plasticity and avalanche behaviour in microfracturing phenomena[J]. Nature,1997,388:658-659.

[136] KECKES J,BURGERT I,FRüHMANN K,et al. Cell-wall recovery after irreversible deformation of wood[J]. Nature Materials, 2003, 2 (12): 810-813.

[137] EDER M,STANZL-TSCHEGG S,BURGERT I. The fracture behaviour of single wood fibres is governed by geometrical constraints:in situ ESEM studies on three fibre types[J]. Wood Science and Technology, 2008,42(8):679-689.

[138] ANANTHAKRISHNA G,DE R. Dynamics of stick-slip:some universal and not so universal features[J]. Lecture notes in physics,2006,705: 423-457.

[139] VOLLRATH F,PORTER D. Spider silk as archetypal protein elastomer [J]. Soft matter,2006,2(5):377-385.

[140] HALáSZ Z,KUN F. Fiber bundle model with stick-slip dynamics[J]. Physical review E,2009,80(2):027102.

[141] HALáSZ Z,KUN F. Slip avalanches in a fiber bundle model[J]. Europhysics Letters,2010,89(2):26008.

[142] SEYDEL T,KNOLL W,GREVING I,et al. Increased molecular mobility in humid silk fibers under tensile stress[J]. Physical review E,2011, 83(1):016104.

[143] ELICES M,GUINEA G V,PéREZ-RIGUEIRO J,et al. Polymeric fibers with tunable properties:Lessons from spider silk[J]. Materials science and engineering C,2011,31(6):1184-1188.

[144] SUSILO M E,ROEDER B A,VOYTIK-HARBIN S L,et al. Development of a three-dimensional unit cell to model the micromechanical re-

sponse of a collagen-based extracellular matrix[J]. Acta biomaterialia, 2010,6(4):1471-1486.

[145] ROEDER B A,KOKINI K,STURGIS J E,et al. Tensile mechanical properties of three-dimensional type I collagen extracellular matrices with varied microstructure[J]. Journal of biomechanical engineering, 2002,124(2):214.

[146] CHEN F,PORTER D,VOLLRATH F. Silkworm cocoons inspire models for random fiber and particulate composites[J]. Physical review E, 2010,82(4):041911.

[147] RINALDI A. Statistical model with two order parameters for ductile and soft fiber bundles in nanoscience and biomaterials[J]. Physical review E, 2011,83(4):046126.

[148] LEE M,DUNN J C Y,WU B M. Scaffold fabrication by indirect three-dimensional printing[J]. Biomaterials,2005,26(20):4281-4289.

[149] KIENER D,GROSINGER W,DEHM G,et al. A further step towards an understanding of size-dependent crystal plasticity:In situ tension experiments of miniaturized single-crystal copper samples[J]. Acta materialia, 2008,56(3):580-592.

[150] HEMKER K J,SHARPE JR W N. Microscale characterization of mechanical properties[J]. Annual review of materials research,2007,37:93-126.

[151] GAO L L,CHEN X,ZHANG S B,et al. Mechanical properties of anisotropic conductive film with strain rate and temperature[J]. Materials science and engineering seriesA,2009,513:216-221.

[152] DEHM G. Miniaturized single-crystalline fcc metals deformed in tension:New insights in size-dependent plasticity[J]. Progress in materials science,2009,54(6):664-688.

[153] KIM J Y,GREER J R. Tensile and compressive behavior of gold and molybdenum single crystals at the nano-scale[J]. Acta materialia,2009, 57(17):5245-5253.

[154] HEMMER P C,PRADHAN S. Energy bursts in fiber bundle models of composite materials[J]. Physical review E,2008,77(3):031138.

[155] BISWAS S,RAY P,CHAKRABARTI B K. Statistical physics of fracture,breakdown,and earthquake:effects of disorder and heterogeneity

[M]. Berlin: Wiley-VCH, 2015.

[156] HAO D P, TANG G, XUN Z P, et al. Crossover behavior in the avalanche process of the fiber bundle model in local load sharing[J]. Physica A, 2014, 416: 135-141.

[157] HAO D P, TANG G, XIA H, et al. The avalanche process of the fiber bundle model with defect[J]. Physica A, 2017, 472: 77-85.

[158] HAO D P, TANG G, XUN Z P, et al. Simulation of finite size effects of the fiber bundle model[J]. Physica A, 2018, 490 (Supplement C): 338-346.

[159] CHAKRABARTI B K, BENGUIGUI L-G. Statistical physics of fracture and breakdown in disordered systems[M]. Oxford: Oxford University Press, 1997.

[160] MOSHTAGHIN A F, FRANKE S, KELLER T, et al. Experimental characterization of longitudinal mechanical properties of clear timber: Random spatial variability and size effects[J]. Construction and building materials, 2016, 120: 432-441.

[161] ARWADE S, CLOUSTON P, KRUPKA M. Length effects in tensile strength in the orthogonal directions of structural composite lumber[J]. Journal of testing and evaluation, 2011, 39(4): 576-582.

[162] DILL-LANGER G, HIDALGO R C, KUN F, et al. Size dependency of tension strength in natural fiber composites[J]. Physica A: statistical mechanics and its applications, 2003, 325(3 - 4): 547-560.

[163] AARãO REIS F D A. Universality and corrections to scaling in the ballistic deposition model[J]. Physical review E, 2001, 63(5): 056116.

[164] AARãO REIS F D A. Roughness fluctuations, roughness exponents and the universality class of ballistic deposition[J]. Physica A: Statistical mechanics and its applications, 2006, 364: 190-196.

[165] BISWAS S, ROY S, RAY P. Nucleation versus percolation: Scaling criterion for failure in disordered solids[J]. Physical review E, 2015, 91 (5): 050105.

[166] ROY C, KUNDU S, MANNA S S. Scaling forms for relaxation times of the fiber bundle model[J]. Physical review E, 2013, 87(6): 062137.

[167] NEWMAN W I, GABRIELOV A M. Failure of hierarchical distributions of fibre bundles. I[J]. International journal of fracture, 1991, 50(1):

1-14.

[168] PHOENIX S L,TAYLOR H M. The asymptotic strength distribution of a general fiber bundle[J]. Advances in applied probability,1973,5(2): 200-216.

[169] PHOENIX S L. Probabilistic strength analysis of fibre bundle structures [J]. Fibre science and technology,1974,7(1):15-31.

[170] ROY S,RAY P. Critical behavior in fiber bundle model:A study on brittle to quasi-brittle transition [J]. Europhysics letters,2015,112 (2):26004.

[171] PONSURIYAPRAKASH S,UDHAYAKUMAR P,PANDIYARAJAN R. Experimental investigation of abs matrix and cellulose fiber reinforced polymer composite materials[J]. Journal of natural fibers,2020, 2020:1-12.

[172] SZAVA R I,SZAVA I,VLASE S,et al. Determination of Young's moduli of the phases of composite materials reinforced with longitudinal fibers,by global measurements[J]. Symmetry,2020,12(10):1607.

[173] R KOLOOR S S,KARIMZADEH A,ABDULLAH M R,et al. Linear-nonlinear stiffness responses of carbon fiber-reinforced polymer composite materials and structures:a numerical study[J]. Polymers,2021,13 (3):344.

[174] QIU Z,FAN H. Nonlinear modeling of bamboo fiber reinforced composite materials[J]. Composite structures,2020,238:111976.

[175] HAO D P,TANG G,XIA H,et al. Avalanche process of the fiber-bundle model with stick-slip dynamics and a variable Young modulus[J]. Physical review E,2013,87:042126.

[176] 喻寅,贺红亮,王文强,等.含微孔洞脆性材料的冲击响应特性与介观演化机制[J].物理学报,2014,63(24):274-280.

[177] 陈兴,马刚,周伟,等.无序性对脆性材料冲击破碎的影响[J].物理学报, 2018,67(14):219-228.

[178] HAO D-P,TANG G,XIA H,et al. The avalanche process of the fiber bundle model with defect[J]. Physica A:statistical mechanics and its applications,2017,472:77-85.

[179] HAO D-P,TANG G,XUN Z-P,et al. The avalanche process of the fiber bundle model with defect in local loading sharing[J]. Physica A:statisti-

cal mechanics and its applications,2018,505:1095-1102.

[180] HASSOLD G N,SROLOVITZ D J. Brittle fracture in materials with random defects[J]. Physical review B :condens matter,1989,39(13): 9273-9281.

[181] ROY C,MANNA S S. Brittle to quasibrittle transition in a compound fiber bundle[J]. Physical review E,2019,100(1-1):012107.

[182] HAO D-P,TANG G,XUN Z-P,et al. Simulation of finite size effects of the fiber bundle model[J]. Physica A:statistical mechanics and its applications,2018,490:338-346.

[183] GRZYBOWSKI B A,JIANG X,STONE H A,et al. Dynamic,self-assembled aggregates of magnetized,millimeter-sized objects rotating at the liquid-air interface:macroscopic,two-dimensional classical artificial atoms and molecules[J]. Physical review E,2001,64(1):011603.